Python
程序设计基础

Fundamentals of Python Programming

彭晖 邓巧——著

旅游教育出版社
·北京·

图书在版编目（CIP）数据

Python程序设计基础 / 彭晖，邓巧著. -- 北京 ：旅游教育出版社，2023.6

ISBN 978-7-5637-4571-5

Ⅰ. ①P… Ⅱ. ①彭… ②邓… Ⅲ. ①软件工具—程序设计 Ⅳ. ①TP311.561

中国国家版本馆CIP数据核字(2023)第107167号

Python程序设计基础

彭 晖 邓 巧 著

责任编辑	刘彦会
出版单位	旅游教育出版社
地　　址	北京市朝阳区定福庄南里 1 号
邮　　编	100024
发行电话	（010）65778403　65728372　65767462（传真）
本社网址	www.tepcb.com
E - mail	tepfx@163.com
排版单位	北京旅教文化传播有限公司
印刷单位	唐山玺诚印务有限公司
经销单位	新华书店
开　　本	710毫米 × 1000毫米　1/16
印　　张	7.75
字　　数	79 千字
版　　次	2023 年 6 月第 1 版
印　　次	2023 年 6 月第 1 次印刷
定　　价	39.00 元

（图书如有装订差错请与发行部联系）

前言

本书是学习 Python 的入门教材，适用于 Python 编程基础课。开设编程基础课的目的在于学生学习 Python 编程基础之后可以进一步学习 Python 数据挖掘、机器学习等课程，也便于学生全面掌握 Python 基本语法和编程基本特点之后自学 Python 的其他内容。

随着 Python 语言的流行，当前市面上 Python 的教材和学习资料很多，其内容各有侧重，有的详细介绍网络编程，有的注重图形界面，有的强调数据分析。本书在参考其他 Python 书籍的基础上进行编写，包括七章内容，分别是：Python 概述、程序结构、序列类型、文件、函数与模块、异常处理和面向对象程序设计基础。这些内容是编程基础课需要完全掌握的，有了这些知识作为基础，进一步学习其他内容时，一般不会再有语法障碍和概念上的混淆。

本书内容简洁明了，删繁就简，实用性强，配合理论讲解，有大量的例题及思考与练习，也有实践案例。因为本书最初是给旅游管理专业学生使用的，所以选择了与旅游管理相关的案例进行讲解。本书的所有例题和案例都在 Python 编程环境中运行通过，确认无误。

本书适合作为普通高等院校、职业院校及中学 Python 课程教材，尤其适合作为旅游相关专业 Python 课程教材，也可作为 Python 语言编程爱好者的自学用书。

北京第二外国语学院旅游管理专业研究生薛涵月和申亚军在书稿的整理、编排中做了很多工作，在此表示感谢。

本书的出版得到了北京第二外国语学院旅游研究基地项目 LYFZ18B003 的资助。

编者

2023 年 5 月

目　录

第一章

Python概述

第一节　Python简介

Python 是一种简单、解释型、交互式、可移植的高级编程语言，可进行面向对象编程。简单来讲，Python 具有功能强大、简单易学、编程思想先进的特点，并且学好 Python 可以为后续数据挖掘、机器学习等课程做好准备。

1. 功能强大

Python 的功能非常强大。网上有很多开源的软件包可以直接用来编写 Python 程序。这些软件包包括开发网络爬虫、数据处理与显示、人工智能算法实现、数据库链接、跨语言接口等各种程序所需要的函数库或模块，它们不断更新和扩充，已形成一个庞大而丰富的 Python 生态环境，使得 Python 程序开发效率很高。

2. 简单易学

Python 是一种代表简单主义思想的语言。相比其他高级程序设计语言而言，Python 的语法规则更加简单，语言更加精练，涉及的计算机硬件知识更少，程序内容更好理解，并且有很多开源的学习资源和网络课程，便于学习者自学。

3. 编程思想先进

面向过程和面向对象是两种不同的编程思想。面向过程是一种以事件为中心的编程思想，即分析出解决问题所需的步骤，然后用函数把步骤实现，并按顺序调用。面向对象是采用基于对象（实体）的概念建立模型，模拟客观世界分析、设计、实现软件的办法。在面向对象程序设计中，对象包含两个含义：一是数据，二是动作。面向对象的设计把数据和动作组合成一个整体，然后从更高层次上对其进行系统建模，更贴近事物的自然运行模式。Python 支持面向过程和面向对象的程序设计，在软件开发过程中，宏观上，用面向对象来把握事物间的复杂关系，分析系统；微观上，使用面向过程的程序来处理流程。

4. 为后续课程做准备

因为 Python 具有可扩展性、可扩充性、可嵌入性以及拥有丰富的库等，所以具有广泛的适用范围，可以为进一步学习人工智能、数据科学和机器学习等内容打下基础。

第二节　Python软件安装

Windows 系统中通常不会默认安装 Python，所以在使用 Python 编程之前，需要检查计算机中是否已经安装了 Python。接下来讲解如何在 Windows 系统中安装 Python。

有一些常用的 Python 程序编辑运行环境，如 Python IDLE（Integrated Development and Learning Environment）、Pycharm、Anaconda 等，选择其中一种进行安装即可。本书讲解如何安装 Python IDLE。

进入 Python 官方网站（http://www.python.org），在网站的主页可以看到“下载”（Downloads）链接，如图 1.1 所示。单击“下载”链接，将看到“所有版本”（all release），选择“所有发布版本”，最新的以及过去所有发布过的 Python 版本将会出现在网页上。本书所选择的是 Python 3.7.4 版本，读者可以根据自己的需要选择此版本或更新版本。接着，在网页上找到要下载的版本，并单击下载（Download），如图 1.2 所示。进入下载页面，找到 Windows x86-64 executable installer，并单击下载。完成下载之后，选择 Customize installation 安装方式，勾选“Add Python 3.7 to PATH”复选框，如图 1.3 所示。Customize installation 安装方式可以修改安装路径，将 Python 安装在自己指定的文件夹中，如图 1.4 所示。

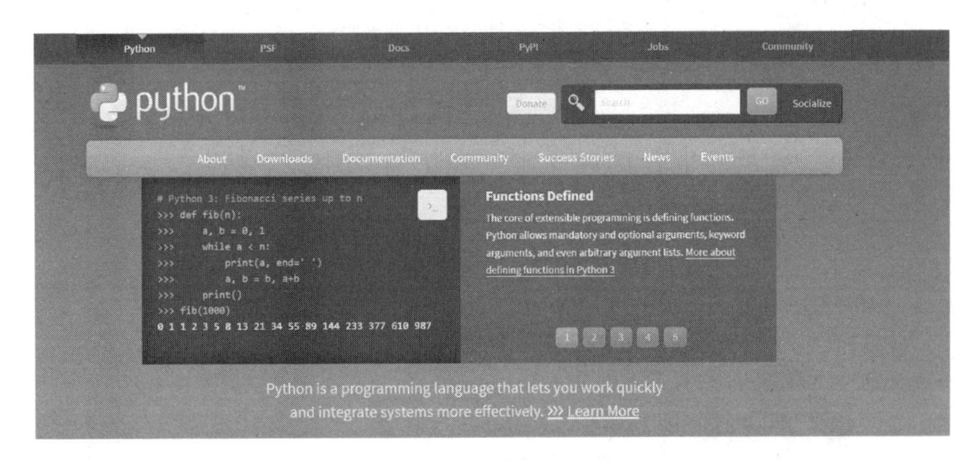

图 1.1　Python 官方网站

Looking for a specific release?

Python releases by version number:

Release version	Release date		Click for more
Python 2.7.17	Oct. 19, 2019	Download	Release Notes
Python 3.7.5	Oct. 15, 2019	Download	Release Notes
Python 3.8.0	Oct. 14, 2019	Download	Release Notes
Python 3.7.4	July 8, 2019	Download	Release Notes
Python 3.6.9	July 2, 2019	Download	Release Notes
Python 3.7.3	March 25, 2019	Download	Release Notes
Python 3.4.10	March 18, 2019	Download	Release Notes

View older releases

图 1.2　Python 3.7.4 的下载界面

图 1.3　选择 Customize installation 安装方式

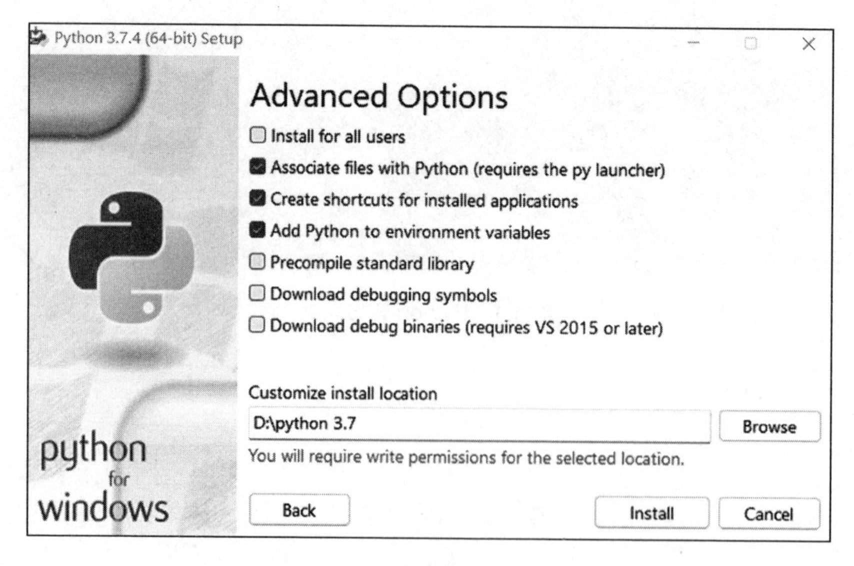

图 1.4　修改安装路径

单击“Install”按钮开始安装，直到显示 Setup was successful，如图 1.5 所示，单击“Close”按钮，安装结束。

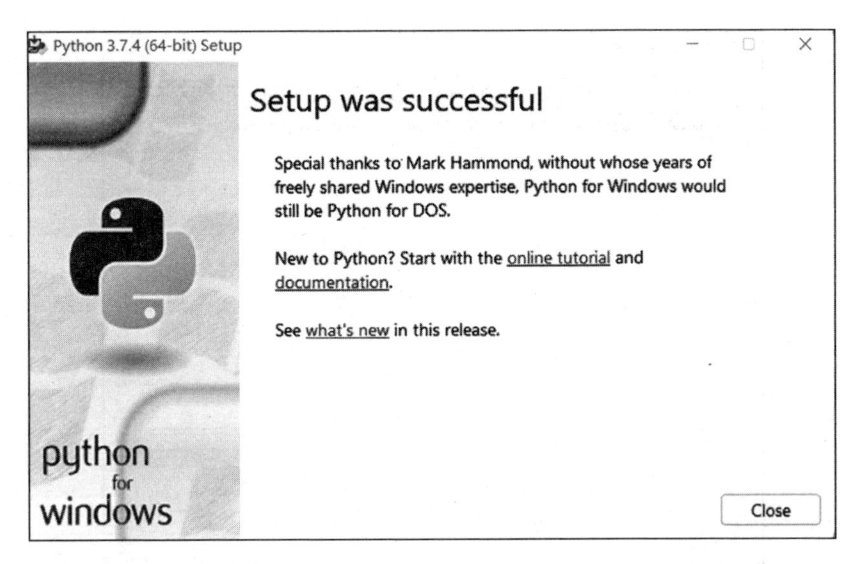

图 1.5　Python 安装成功

安装完 Python 之后，在 Windows 的“开始”菜单中找到 IDLE(Python 3.7 64–bit) 并打开，就可以看到 Python 控制台（Python 3.7.4 Shell）窗口，如图 1.6 所示。符号“>>>”是命令提示符，可以在该符号后输入 Python 命令。输入命令并按【Enter】键后，输入的命令即被执行，窗口中显示程序运行结果。如果要查看多条命令连续执行的结果，需要在控制台窗口中选择“File”菜单，新建或打开文件，在文件窗口中编辑程序，编辑完成后，选择“Run”菜单下的“Run Module”命令执行程序，如图 1.7 所示。保存的 Python 源程序文件的扩展名为 .py。程序运行结果显示在 Python 3.7.4 Shell 窗口中。

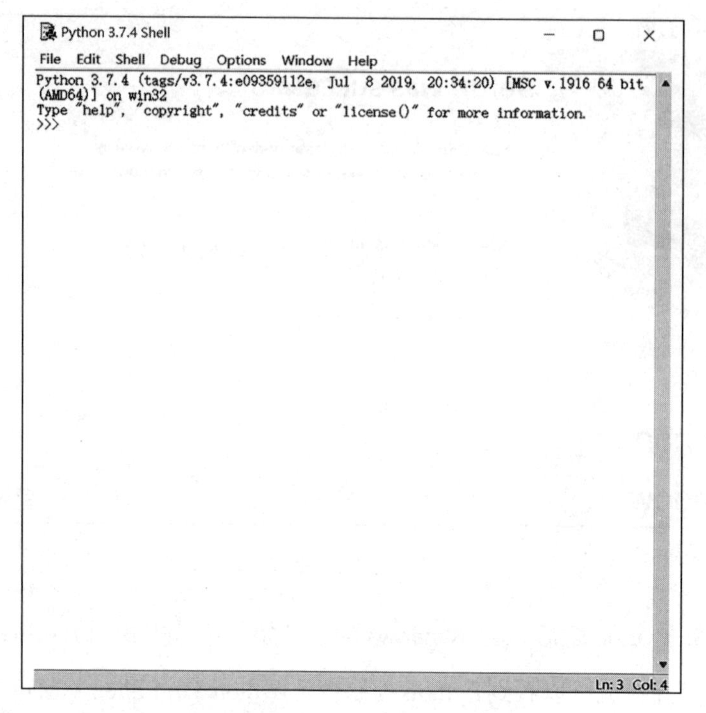

图 1.6　Python 3.7.4 Shell 窗口

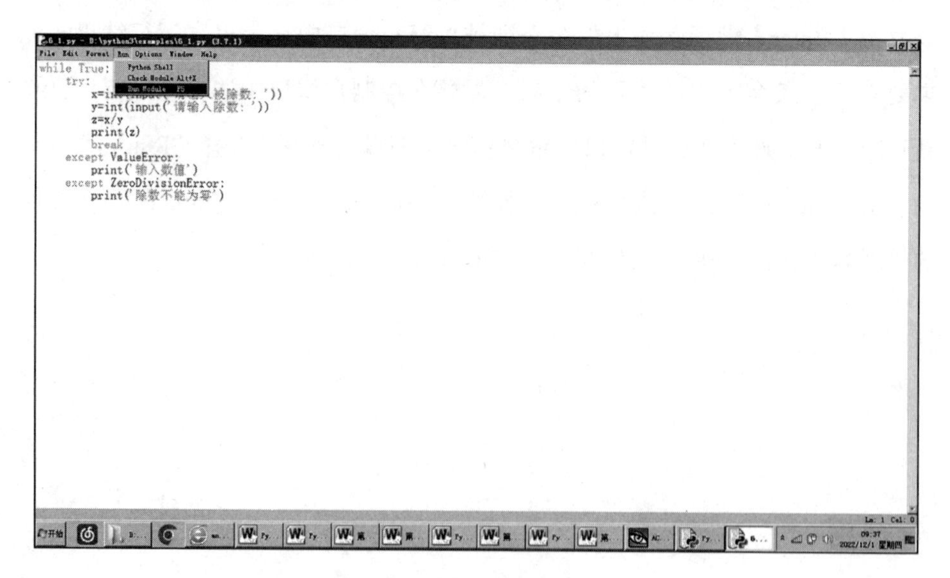

图 1.7　程序编辑运行窗口

第三节　Python基本数据类型与表达式

程序的基本功能是处理数据。每一个数据都属于一种数据类型，如整型、实型、字符型等。不同类型的数据对应不同的操作方法。

Python 中的数据类型分为简单数据类型和复合数据类型。简单数据类型包括整型、浮点型、字符串型和布尔型。复合数据类型由简单数据类型构成。其中字符串型比较特别，它既可以当作简单数据类型，也可以是一种字符列表的复合数据类型。字符串型会在本书第三章详细讲述。

1.3.1　简单数据类型

1. 数据的表现形式

Python 中数据的表现形式包括常量和变量。

（1）常量是指内存中保存固定值的单元。在程序中，常量的值不发生改变。常量命名规范，通常是以大写字母开头的单词。常量通常包括算术常量、字符串常量以及逻辑常量。例如，A=123，B='，B="123"，C=True，A、B、C 都是被定义的常量。

（2）变量是指占内存中一块空间用来存放变量的值（或地址），存放的值是可以发生变化的。

2. 基本的数据类型

Python 中基本的数据类型包括：整型（int），如 1，2，3；字符串型，如 "hello, world"；浮点型，如 3.1415；以及布尔型，如 True 和 False。

3. 基本数据类型之间的转换

基本数据类型之间可以进行转换，转换函数见表 1.1。

表 1.1　基本数据类型转换函数

函数	说明
str()	将其他数据转换成字符串型
int()	将其他数据转换为整型
float()	将其他数据转换为浮点型

4. 变量的命名规则

Python 中变量的命名是以字母或下划线开始的字母数字串，不可以用数字开头，也不能用中文开头。此外，变量的命名不能与固定的关键字重名。Python 3 中的关键字见表 1.2。

表 1.2　Python 3 中的关键字

关键字				
as	del	False	lambda	return
and	else	True	not	try
assert	elif	global	None	with
break	except	if	nonelocal	while
class	for	import	or	yield
continue	from	in	pass	
def	finally	ls	raise	

变量的命名最好有一定含义，如表示成绩的变量可以命名为 score，表示文本的变量可以命名为 text。

5. 变量的赋值

每个变量在使用前都必须赋值。Python 中的变量赋值不需要类型申明，每个变量在内存中创建，都包括变量的标识、名称、类型和值等信息。运算符等号（=）用来给变量赋值，等号（=）左边是变量名，等号（=）右边是存储在变量中的值。变量赋值见表 1.3。其中，字符串型变量赋值需要加英文的双引号或单引号。

表 1.3　变量赋值

变量名	=	赋值	类型
score	=	100	整型变量赋值
text	=	"123"	字符串型变量赋值
height	=	1.6	浮点型变量赋值

变量被赋值后，变量就有值、类型和存储地址。在 Python 3.7.4 Shell 窗口的命令提示符下给变量赋值后，输入变量名，按【Enter】键后显示变量的取值，type（变量名）函数显示变量的类型，id（变量名）函数显示变量的地址。

1.3.2　表达式

由常量、变量、函数和运算符构成的式子称为表达式。典型的表达式由运算符和操作数 / 操作对象组成。其中，运算符是指对操作数 / 操作对象进行运算处理的符号，而操作数 / 操作对象是指运算符处理的数据。在条件表达式中，常用的运算符有：算术运算符，如 +、–、*、/、//、%、** 等；关系运算符，如 >、>=、<、<=、==、!= 等；以及逻辑运算符，如 not、and、or 等。

在进行运算时，运算的优先级一般如下：

（1）括号 > 算术运算 > 关系运算 > 逻辑运算。

（2）算术运算先乘除后加减。

（3）关系运算符平等。

（4）逻辑运算：not>and>or。

思考与练习

1. 在自己的计算机中安装 Python IDLE 3.0 以上版本。

2. 在 IDLE 的控制平台中输入以下表达式，并观察其运行结果。

```
Hello World!↵
1+2=↵
True↵
False↵
True and False↵
```

第二章

程序结构

第一节　程序的基本结构

2.1.1　程序设计的基本结构

程序结构反映了程序执行的基本流程。程序有三种基本的结构：顺序结构、分支（选择）结构和循环结构。

每个程序都有三个基本要素：数据输入、数据处理过程和数据输出，即程序的 IPO（Input，Process，Output）。

（1）输入（Input）为需要程序加工处理的数据。在 Python 中，基本的输入方式有两种：

①赋值语句：在程序中直接给变量赋值，变量获得输入。

② input() 函数：在程序执行过程中通过键盘输入给变量赋值，变量获得输入。

（2）处理过程（Process）包括算法、逻辑、计算等。程序中实现处理功能的方法称为“算法”，算法是程序的灵魂。

（3）输出（Output）是输入经过加工处理后的结果，在 Python 中，基本的输出语句为 print() 函数。

2.1.2　程序流程图

程序流程图用一系列图形、流程线和文字说明描述程序的基本操作和控制流程，它是程序分析和过程描述的最基本方式。

程序流程图的基本元素包括七种：

（1）起止框：表示程序逻辑的开始或结束。

（2）判断框：表示一个判断条件，并根据判断结果选择不同的执行路径。

（3）处理框：表示一组处理过程，对应于顺序执行的程序逻辑。

（4）输入 / 输出框：表示程序中的数据输入或者结果输出。

（5）注释框：表示程序的注释。

（6）流向线：表示程序的控制流，以带箭头的直线或曲线表达程序的执行路径。

（7）连接点：表示多个流程图的连接方式，常用于将多个较小流程图组织成较大流程图。

第二节　顺序结构

2.2.1　顺序结构的定义

若程序中的语句按各语句出现位置的先后次序执行，则称为顺序结构。程序最基本的结构就是顺序结构，顺序结构就是程序按照语句顺序，从上到下依次执行各条语句。

2.2.2　顺序结构的形式

顺序结构执行流程图如图 2.1 所示。

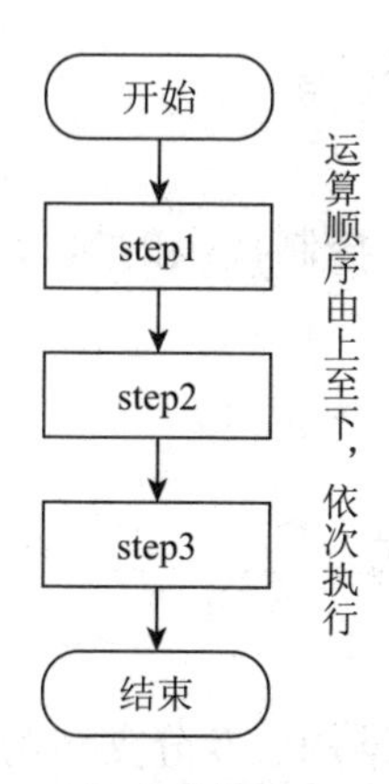

图 2.1　顺序结构执行流程图

【例题】

给 x、y 赋值，计算 x+y、x−y、x*y、x/y、x//y、x%y。

```
x=int(input())
y=int(input())
print(x+y,x-y,x*y,x/y,x//y,x%y)
```

第三节　分支结构

2.3.1　分支结构的定义

分支结构可以根据条件来控制代码的执行分支，也称选择结构。Python使用if语句来实现分支结构。

2.3.2　分支结构的形式

分支结构可以分为单分支结构、双分支结构和多分支结构。

2.3.3　单分支结构

1. 单分支结构流程图

单分支结构用于解决单分支问题，其流程图如图2.2所示。

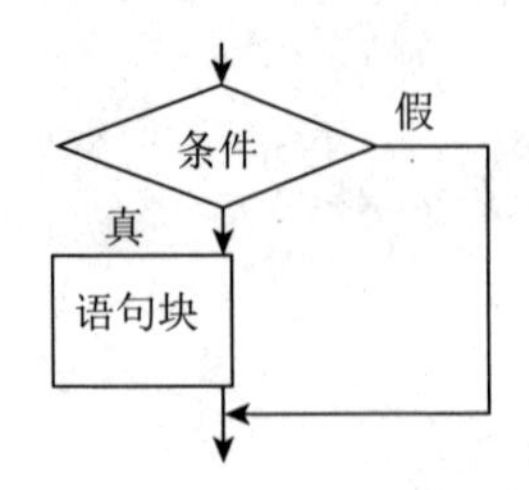

图2.2　单分支结构流程图

2. 单分支结构语法格式

```
if <条件>:
    <语句块>
```

说明：

（1）<语句块>是 if 条件满足后执行的一个或多个语句序列。

（2）<语句块>中语句通过与 if 所在行形成缩进表达包含关系。

（3）if 语句首先评估<条件>的结果值，如果结果为真，则执行<语句块>中的语句序列，然后控制转向程序的下一条语句。如果结果为假，则<语句块>中的语句会被跳过。

【例题】

```
if score<60:
    print("不及格")
```

2.3.4　双分支结构

1. 双分支结构流程图

双分支结构用于解决双分支问题，其流程图如图 2.3 所示。

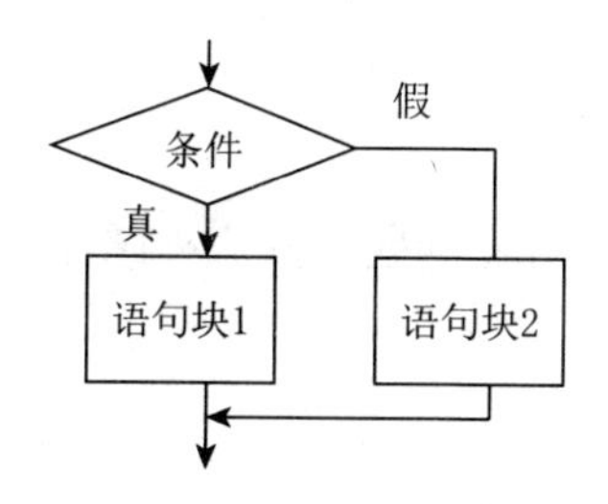

图 2.3　双分支结构流程图

2. 双分支结构语法格式

```
if <条件>;
        <语句块 1>
else:
        <语句块 2>
```

说明：

（1）<语句块 1>是在 if 条件满足后执行的一个或多个语句序列。

（2）<语句块 2>是 if 条件不满足后执行的语句序列。

（3）双分支语句用于区分<条件>的两种可能（真或者假），分别形成执行路径。

【例题】

```
if score<60:
    print("不及格")
else:
    print("及格")
```

2.3.5 多分支结构

1. 多分支结构流程图

多分支结构用于解决多分支问题，其流程图如图 2.4 所示。

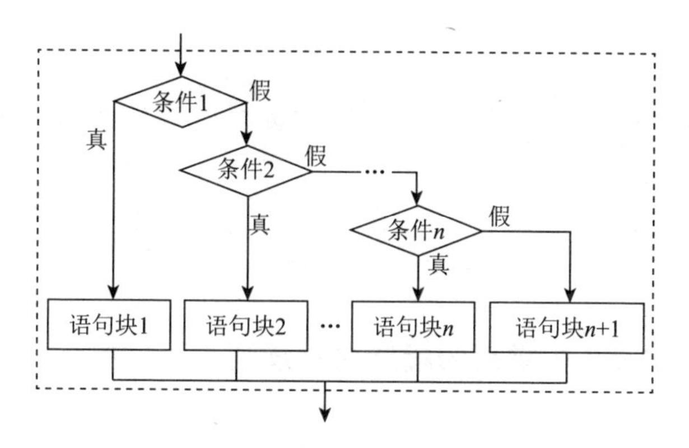

图 2.4　多分支结构流程图

2. 多分支结构语法格式

```
if <条件1>:
        <语句块1>
elif <条件2>:
        <语句块2>
...
elif <条件n>:
      <语句块n>
else:
      <语句块n+1>
```

【例题】

```
if score<60:
    print("不及格")
elif score<70:
    print("及格")
```

```
elif score<90:
    print(" 良好 ")
else:
    print(" 优秀 ")
```

2.3.6 Python 中常用的程序书写规则

（1）Python 是大小写敏感的语言，即大小写不同的标识符将会被 Python 区别为不同的标识符。

（2）注意变量与字符的区别，字符必须加单引号或双引号。

（3）注意对齐方式,Python 的缩进代表了语句之间的关系，不能随意缩进。

（4）Python 中必须用英文运算符和标点符号。

（5）单行注释用 #，多行注释用三个单引号或三个双引号。

（6）print 语句不换行用 print(x,end="")。

（7）Python 可以同一行显示多条语句，方法是用分号“;”分开，如 print(1);print(2) 输出 1 和 2。

（8）一条语句要在下一行继续用“\”符号。

（9）可以给变量连续赋值，如 x=y=z=10。

（10）在 Python 中，所有标识符可以包括英文、数字以及下划线“_”，但不能以数字开头。

第四节　循环结构

2.4.1　循环结构的概念

在许多实际问题中，需要对问题的一部分通过若干次有规律的重复计算来实现。例如，求大量数据之和、迭代求根、递推法求解等，这些都要用到循环结构。循环是计算机解题的一个重要特征，计算机运算速度快，最善于进行重复性的工作。

【例题】

求和：$S=1+2+3+\cdots+n$

程序如下：

```
n=input('n=')
n=int(n)
s=0
i=1
while i<=n:
    s=s+i
    i=i+1
print(s)
```

当 $n=5$ 时，while 语句的执行过程见表 2.1。

表 2.1　while 语句执行过程

循环次数	s=	i=
0	0	1
1	0+1=1	2
2	1+2=3	3
3	3+3=6	4
4	6+4=10	5
5	10+5=15	6

2.4.2　while 语句

Python 中 while 语句用于循环结构，即在某条件下，循环执行某段程序，以处理需要重复处理的相同任务。

其基本形式如下：

```
while 判断条件:
循环体…
```

while 语句执行流程图如图 2.5 所示。

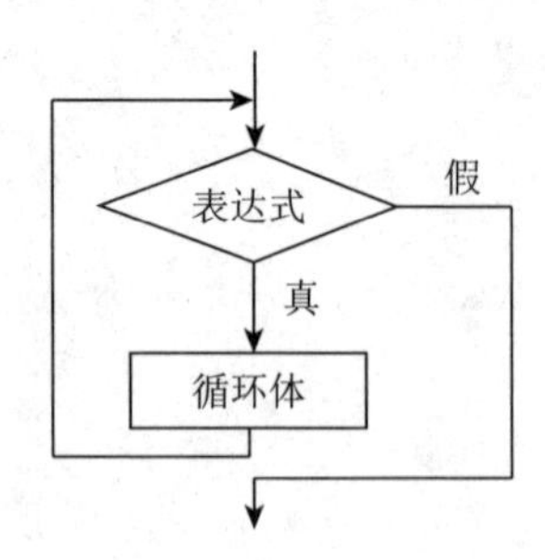

图 2.5　while 语句执行流程图

循环体可以是单个语句或语句块。判断条件可以是任何表达式，任何非零或非空（null）的值均为真。当判断条件为真时，在循环体中的语句会被执行。在每一次循环中，都会检查条件。如果检查条件后，判断条件为假，则循环结束。

说明：

（1）while 语句是一个条件循环语句，即首先计算表达式，根据表达式值的真、假来决定是否继续循环。

（2）while 语句的语法与 if 语句类似，要使用缩进来分隔子句。

（3）while 语句的条件表达式不需要用括号括起来，但是表达式后面必须有冒号。

【例题】

求以下表达式的值，其中 n 值从键盘输入参考值：当 $n = 11$ 时，$s = 1.833\ 333$。

$$s = 1 + \frac{1}{1+2} + \frac{1}{1+2+3} + \cdots + \frac{1}{1+2+3+\cdots+n}$$

分析：

（1）以上问题属于数学中的级数求和问题，是使用循环结构解决的一类常见问题。

（2）级数求和问题编程的重点在于通过观察表达式的规律，分析每次循环都要完成的事件。通常将这些事件进行局部分解，称为“通式”。

分母的通式：mu = mu + i。

i 自增的通式：i = i+1。

当前项的通式：t = 1.0 / mu。

和的通式：s = s + t。

程序如下：

```
i=1
mu=0
s=0.0
n=input('请输入n值：')
n=int(n)
while i<=n:                #判断是否计算到表达式的最后一项
    mu=mu+i                #分母的通式
    i=i+1                  # i自增的通式
    t=1.0/mu               #当前项的通式
    s=s+t                  #和的通式
print ('s=',s)             #循环结束后，打印总和
```

2.4.3　for 语句

Python 中的循环语句有两种，分别是 while 语句和 for 语句，前面已经对 while 语句做了详细的讲解，接下来介绍 for 语句。for 语句提供了 Python 中最强大的循环结构，常用于遍历字符串、列表、元组等序列类型，逐个获取序列中的各个元素。

其基本形式为：

```
for 变量 in 序列：
    循环体
```

for 语句执行流程图如图 2.6 所示。

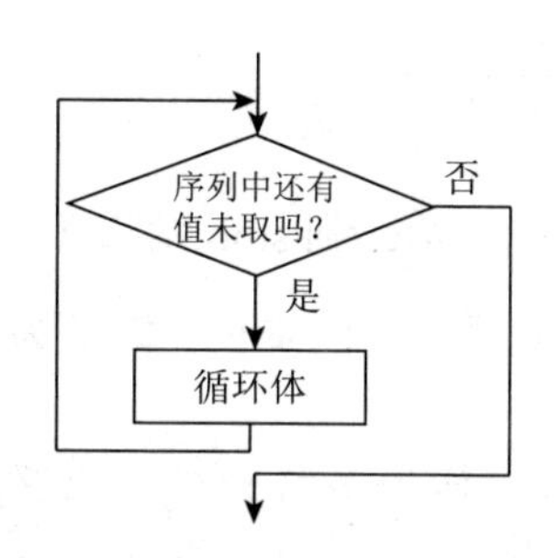

图 2.6　for 语句执行流程图

for 语句语法中的序列下一章将详细讲解，本章先介绍 for 语句的执行过程。for 语句开始执行时，序列的游标指向第 0 个位置，即指向第一个元素，看序列中是否有元素，若有，则将元素值赋给变量，接着执行循环体，执行完循环体后，将序列的游标往后挪一个位置，再判定该位置是否有元素，若仍然有元素，则继续将元素值赋给变量，执行循环体，然后序列的游标再往后挪一个位置，直到下一个位置没有元素时结束循环。

【例题 1】

```
for x in ['a', 'b', 'c']:
    print(x)
```

结果显示：

```
a
b
c
```

for 语句中的 range() 函数的功能是产生指定范围的数字序列。其基本形式为：

```
range (start, stop [,step])
```

生成的数值序列从 start 开始，到 stop 结束（不包含 stop）。若没有填写 start，则默认从 0 开始。step 是可选的步长，默认为 1。如下是几种典型示例：

```
for i in range(10)         产生序列：[0,1,2,3,4,5,6,7,8,9]
for i in range(3,10)       产生序列：[3,4,5,6,7,8,9]
for i in range(3,10,2)     产生序列：[3,5,7,9]
```

【例题 2】

求 $S=1+2+3+\cdots+n$。

```
s=0
for i in range(1,n+1):s=s+i
print(s)
```

【例题 3】

求 1~200 之间能被 7 整除但不能被 5 整除的数。

```
for i in range(7,201):
    if i%7==0 and i%5!=0:print i
```

2.4.4　循环辅助语句

1. 循环辅助语句概述

在执行 while 语句或者 for 语句时，只要循环条件满足，程序将会一直执行循环体。但在某些场景，可能希望在循环结束前强制结束循环。Python 提供了两种强制离开当前循环体的办法：一种是 break 语句，可以退出当前循环；另一种是 continue 语句，可以跳过执行本次循环体中剩余的代码，转而执行下一次循环。

2. break 语句

break 语句用于退出 for、while 语句，即提前结束循环，接着执行循环语句的后续语句。当多个 for、while 语句彼此嵌套时，break 语句只应用于最里层的语句，即 break 语句只能跳出最近的一层循环。

【例题 1】

```
while True:
    s = input('Enter something: ')
    if s == 'quit':
        break
    print('Length of the string is', len(s))
print (Done)
```

程序功能：显示 Enter something:，从键盘接收输入，如果输入是 quit，则退出循环，显示 Done；否则显示输入字符串长度，并提示再次输入。

3. continue 语句

continue 语句的用法和 break 语句类似，只需要在相应的 while 语句或者 for 语句中加入即可。continue 语句用来结束本次循环，即跳过循环体内自 continue 下面尚未执行的语句，返回到循环的起始处，并根据循环条件判断是否执行下一次循环。

【例题 2】

```
flag=1
while flag==1:
    s=input('Enter something: ')
    if s=='quit':
        flag=0
        continue
    print('Length of the string is', len(s))
print (Done)
```

程序功能：显示 Enter something:，从键盘接收输入，如果输入是 quit，则退出循环，显示 Done；否则显示输入字符串长度，并提示再次输入。

4. continue 语句与 break 语句的区别

continue 语句仅结束本次循环，并返回到循环的起始处，若循环条件满足，则开始执行下一次循环；而 break 语句则是结束循环，跳转到循环的后续语句执行。

2.4.5 循环嵌套

Python 允许在一个循环体中嵌入另一个循环，这种情况称为多重循环，又称循环的嵌套。Python 允许在 while 循环中嵌入 for 循环，反之亦可。

循环嵌套的执行过程是：一次外循环对应着完整的一轮内循环。当两个（甚至多个）循环结构相互嵌套时，位于外层的循环结构常简称为外层循环或外循环，位于内层的循环结构常简称为内层循环或内循环。

循环嵌套结构的执行流程图如图 2.7 所示。

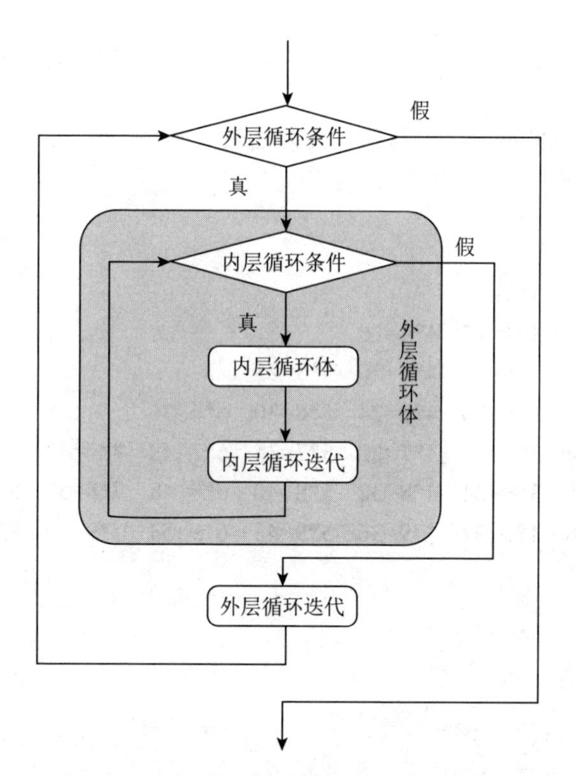

图 2.7 循环嵌套结构的执行流程图

说明：

（1）当外层循环条件为真时，执行外层循环结构中的循环体。

（2）外层循环体中包含了普通程序和内层循环，当内层循环的循环条件为真时会执行此循环中的循环体，直到内层循环条件为假，跳出内循环。

（3）如果此时外层循环的条件仍为真，则返回第（2）步，继续执行外层循环体，直到外层循环的循环条件为假。

（4）如果内层循环的循环条件为假，且外层循环的循环条件也为假，则整个嵌套循环执行完毕。

【例题】

使用for语句的嵌套结构打印九九乘法表。

```
1*1=1
1*2=2   2*2=4
1*3=3   2*3=6   3*3=9
1*4=4   2*4=8   3*4=12  4*4=16
1*5=5   2*5=10  3*5=15  4*5=20  5*5=25
1*6=6   2*6=12  3*6=18  4*6=24  5*6=30  6*6=36
1*7=7   2*7=14  3*7=21  4*7=28  5*7=35  6*7=42  7*7=49
1*8=8   2*8=16  3*8=24  4*8=32  5*8=40  6*8=48  7*8=56  8*8=64
1*9=9   2*9=18  3*9=27  4*9=36  5*9=45  6*9=54  7*9=63  8*9=72  9*9=81
```

程序：

```
for i in range(1, 10):                      #控制行
    for j in range(1, i+1):                 #控制列
        print (j, '*', i, '=', i*j, '\t', end='')
                                            #输出一个乘法表达式
    print()                                 #每行末尾的换行
```

思考与练习

1. 用赋值语句获得输入，计算一个数学表达式的值。

2. 用 input() 语句获得输入，计算一个数学表达式的值。

3. 输入某个时钟的分钟数，输出它的小时和分钟表示。

4. 输入圆的半径，计算该圆的面积和周长。

5. 输入三条边长，判断它们能否构成三角形。如果能，则输出所构成三角形的周长和面积；如果不能，则输出提示信息。

6. 编程将百分制成绩转换成五分制成绩。其中 90~100 对应 A；80~89 对应 B；70~79 对应 C；60~69 对应 D；0~59 对应 E。

7. 编程计算 $S=1+(1+2)+(1+2+3)+\cdots+(1+2+3+\cdots+n)$ 的值。

8. 编程计算 $S=1+1/2+1/3+\cdots+1/n$ 的值。

9. 设 $m=1\cdot2\cdot3\cdot\cdots\cdot n$，求 m 不大于 20 000 时的最大的 n。

10. 勾股定理中三个数的关系是 $a^2+b^2=c^2$。编写程序，输出 30 以内满足上述条件的整数组合，如 3，4，5。

第三章
序列类型

前面介绍了 Python 的基本数据类型，本章将介绍由基本数据类型构成的复合数据类型——序列。

在进行下一步的学习之前，首先需要了解 Python 中序列的含义。在 Python 中，序列是有序集的通用术语，可以将其理解为一块可存放多个值的连续内存空间，这些值按照一定的顺序排列，可以通过每个值的所在位置去访问序列中的元素。通常序列类型包括列表、元组、字符串、集合和字典。下面具体介绍序列中的各种类型。

第一节　列表

列表是最常用的序列类型之一，用于存储任意数目、任意类型的数据集合。列表是内置可变序列，是包含多个元素的有序连续的内存空间。

3.1.1　列表的操作

列表的操作主要有：列表的生成，通过索引访问元素，切片，计算列表的最大值、最小值、和、长度及排序，添加、删除、修改列表元素，以及列表成员的判断、连接、重复、计数等。下面将展开讲解对列表的具体操作。

1. 列表的生成

列表定义的标准语法格式为 s=[]。语法上列表的元素都是放在一对中括号“[]”中，两个相邻的元素之间使用逗号“,”分隔，如列表 s=[1,2,3]，其中数字“1，2，3”为列表 s 的元素。列表中的元素除了整型，还可以是浮点数、字符串、列表、元组等任何数据类型。如列表 s=[1,2, 'a']，s=[1.2,1, 'a']。

使用 list() 函数可以将任何可迭代的数据转化成列表。如输入 s=list('abcd'),运行 print(s) 即可得列表 ['a'，'b'，'c'，'d']。

2. 通过索引访问元素

列表中每个元素都有一个序号，可以通过这个序号访问每一个元素，从而建立元素的索引。索引的区间在 [0, 列表长度 –1] 这个范围内。超过这个范围则会抛出异常。列表元素的位置编号有正向位置编号和反向位置编号两种。

如列表 c=[34,56,2,–124,89,43,2395,70,–22,0,1,9540]，对列表 c 进行元素访问，可以表示为：

c[0]=34　　　　c[–12]=34

c[1]=56　　　　c[–11]=56

……　　　　……

c[11]=9540　　　　c[–1]=9540

其中“[]”中的数代表元素对应序号，从左往右，从序号 0 开始，等号右边对应序号的元素，这是正向位置编号；从右往左，从序号“–1”开始，对应反向位置编号。正反两种位置编号及所对应的元素如图 3.1 所示。

正向位置编号	序列元素值	反向位置编号
c[0]	34	c[-12]
c[1]	56	c[-11]
c[2]	2	c[-10]
c[3]	-124	c[-9]
c[4]	89	c[-8]
c[5]	43	c[-7]
c[6]	2395	c[-6]
c[7]	70	c[-5]
c[8]	-22	c[-4]
c[9]	0	c[-3]
c[10]	1	c[-2]
c[11]	9540	c[-1]

图 3.1　正反两种位置编号及所对应的元素

使用 index() 函数可以获取指定元素在列表中首次出现的索引。语法为：

```
index(value,start,end)
```

其中，start 和 end 指定了搜索范围。

3. 切片

切片是 Python 序列极其重要的操作，适用于列表、元组、字符串等。切片操作可以实现快速提取子列表或修改。切片操作通过使用两个冒号分隔三个数字来实现，标准格式为：

object[start:end:step]

其中 start 表示切片的开始位置，默认为 0；end 表示切片的终止位置（但不包含该位置的元素）；step 为切片的步长，默认为 1，当省略步长时，可以同时省略后一个冒号，step 为正表示从左到右，step 为负表示从右到左。

如列表 c=[34,56,2,-124,89,43,2395,70,-22,0,1,9540]，其中：

c[0:5]→[34,56,2,–124,89]，表示取序号为“0，1，2，3，4”的元素。

c[0:5:2]→[34,2,89]，表示从 0 开始，每隔一个元素取一个数，直到序号 5 为止，不包括序号为 5 的元素。

c[8:1:–1]→[–22,70,2395,43,89,–124,2]，表示从序号 8 开始到序号 1，从右往左取元素，不包括序号为 1 的元素。

c[:5]→[34,56,2,–124,89]，表示取序号为“0，1，2，3，4”的元素。

c[–1::–1]→[9540,1,0,–22,70,2395,43,89,–124,2,56,34]，表示从右往左取所有元素。

c[::–1]→[9540,1,0,–22,70,2395,43,89,–124,2,56,34]，表示从右往左取所有元素。

4. 计算列表的最大值、最小值、和、长度及排序

Python 提供了一些内置的函数来计算序列的最大值、最小值、长度、和以及对序列进行排序。其中，使用 max() 函数可以返回列表中的最大值，使用 min() 函数可以返回列表中的最小值，使用 sum() 函数可以给列表求和，使用 len() 函数可以计算列表的长度，sort() 方法和 sorted() 函数都可对列表进行排序。其中 sort() 方法仅针对列表对象排序，无返回值，会改变原来的队列顺序；而 sorted() 是一个单独函数，可以对可迭代对象排序，不局限于列表，它不改变原生数据，而是重新生成一个新的队列，有一个返回值。列表排序可以从小到大，也可以从大到小，sort() 方法和 sorted() 函数都默认从小到大排序，list.sort(reverse=True) 和 sorted(list,reverse=True) 可实现从大到小排序。

如列表 c=[34,56,2,–124,89,43,2395,70,–22,0,1,9540]，其最大值、最小值、和、长度、排序以及排序结果见表 3.1。

表 3.1 列表 c 的最大值、最小值、和、长度、排序以及排序结果

操作	结果
max(c)	9540
min(c)	–124
sum(c)	12084
len(c)	12
sorted(c)	返回 [–124,–22,0,1,2,34,43,56,70,89,2395,9540] c=[34,56,2,–124,89,43,2395,70,–22,0,1,9540]
sorted(c,reverse=True)	返回 [9540,2395,89,70,56,43,34,2,1,0,–22,–124] c=[34,56,2,–124,89,43,2395,70,–22,0,1,9540]
c.sort()	无返回值，c=[–124,–22,0,1,2,34,43,56,70,89,2395,9540]
c.sort(reverse=True)	无返回值，c=[9540,2395,89,70,56,43,34,2,1,0,–22,–124]

5. 添加、删除、修改列表元素

除对列表元素求最值、求和等操作外，还可以添加、删除或修改列表元素。在 Python 中，append() 方法、extend() 方法以及 insert() 方法都可以实现列表元素的添加，但是需要注意三种方法之间的区别。append() 方法用于在列表末尾添加新的元素，并且每次只能添加一个新元素；extend() 方法用于在列表末尾一次性添加另一个序列中的所有元素；使用 insert() 方法可以在列表的任何位置添加新元素，需要指定新元素的索引和值。clear() 方法、del 语句、pop() 方法以及 remove() 方法可以实现删除列表中元素的功能，但这几种方法又有区别。其中，clear() 方法用于清空列表，此时将会返回空列表；del 语句用于删除列表元素索引所对应的元素，如 del(s[1]) 即为删除列表 s 中索引（下标）为 1 的元素，若要删除列表中所有元素，应该输入的语句为 del(s[:]), 此时 del 语句类似于 clear() 方法；pop() 方法用于移除列表中的一个元素（默认为最后一个元素），并且返回该元素的值；remove() 方法用于移除列表中某个值的第一个匹配项，使用 pop() 方法会返回所删除的值，但使用 remove() 方法不会。

此外，如果要实现对列表的复制，可以使用 copy() 方法。但是 copy() 方法与直接赋值（"="）不同：copy() 方法只复制父对象，不会复制对象内部的子对象，两个变量之间还是独立的，不会因一个变量内容的改变而改变；而直接赋值是对象的引用（别名），两个变量是对等的，会随着一个变量内容的改变而改变。

例如，初始 s=[1,3,2]，则添加、删除、修改列表的方法说明及示例见表 3.2。

表 3.2　添加、删除、修改列表的方法说明及示例

方法	说明	示例
s.append(x)	把对象 x 追加到列表 s 尾部	s.append("a")　#s=[1,3,2, "a"] s.append([1,2])　#s=[1,3,2,[1,2]]
s.clear()	删除所有元素，相当于 del s[:]	s.clear()　#s=[]
del(s[x])	删除列表 s 中索引（下标）为 x 的元素	del(s[1])　#s=[1,2] del(s[:])　#s=[]
s.copy()	复制列表	s1=s.copy()　#s=s1=[1,3,2] id(s),id(s1)　#(43280824,42613096)
s.extend(t)	把序列 t 加到 s 尾部	s.extend([4])　#s=[1,3,2,4] s.extend("ab")　#s=[1,3,2, "a","b"]
s.insert(i,x)	在下标 i 位置插入对象 x	s.insert(1,4)　#s=[1,4,3,2] s.insert(8,5)　#s=[1,4,3,2,5]
s.pop([i])	返回并移除下标 i 位置对象，省略 i 时为最后对象，若超出下标，将导致 IndexError	s.pop()　# 输出 2,s=[1,3] s.pop(0)　# 输出 1,s=[3,2]
s.remove(x)	移除列表中第一个出现的 x，若对象不存在，将导致 ValueError	s.remove(1)　#s=[3,2] s.remove("a")　#ValueError:list.remove(x):x not in list
s,reverse()	列表反转	s.reverse()　#s=[2,3,1]

6. 列表成员的判断、连接、重复、计数

除了之前提到的操作，还可以使用 in 语句判断某一元素是否存在于列表中；列表之间可以使用“+”进行相加，新形成的列表包含相加列表的所有元素；可以使用“*”使列表中的元素重复；使用count()可以对列表中特定元素进行计数。

例如，s1=[1,2, "a"]，s2=[3,2,1]，则列表成员的判断、连接、重复、计数操作示范见表3.3。

表3.3 列表成员的判断、连接、重复、计数操作示范

操作	说明	结果
s=s1+s2	连接列表s1和列表s2	s=[1,2, 'a',3,2,1]
s=s1*3	将列表s1中的元素重复3遍	s=[1,2, 'a',1,2, 'a',1,2, 'a']
"a" in s1	判断元素"a"是否在列表s1中	True
s1.count("a")	计算a在列表s1中出现的次数	1

3.1.2 列表的嵌套

1. 嵌套列表

列表中的元素类型多样，除了字符串型、整型、浮点型等，还可以是列表。将元素包含列表的列表称为嵌套列表，如列表s=[[1,2,3],[4,5,6],[7,8,9]]。使用嵌套列表可以将数据分层。

2. 访问嵌套列表的元素

可以通过索引访问嵌套列表的指定元素，索引可以分为正向索引和负向索引。标准格式为：list_name[index1][index2]，其中list_name是列表名，index1是嵌套列表中的第几个小列表的索引值，而index2代表该小列表的第几个值或再小一层的列表的索引值。

例如，s=[1,[1,2,[7,8,9]],3]，要查找列表s中的子列表[7,8,9]，如果采用正向索引，则需要输入的语句为s[1][2]；如果采用负向索引，则需要输入的语句

为 s[-2][-1]。

与普通列表一样，嵌套列表也可以通过指定列表索引进行添加、删除、修改等与普通列表一样的操作，操作示范见表 3.4。

表 3.4 添加、删除、修改等操作示范

操作	说明	结果
s=[1,[2,[3,4],5],6]	创建列表	s=[1,[2,[3,4],5],6]
s[1][1][0]	查找 s 列表中的 3	3
s[1][2]=0	将 s 列表中的 5 改为 0	s=[1,[2,[3,4],0],6]
s[1].append('x')	将 x 添加到列表 s 的子列表 [2,[3,4],5] 的末尾	s=[1,[2,[3,4],5,'x'],6]
s[1].insert(1, 'x')	将 x 添加到列表 s 的子列表 [2,[3,4],5] 的指定位置	s=[1,[2,'x',[3,4],5],6]
s[1].extend([1,2])	将列表 [1,2] 合并到子列表 [2,[3,4],5] 中	s=[1,[2,[3,4],5,[1,2]],6]
s[1].pop(1)	将子列表 [2,[3,4],5] 中指定位置的元素删除	s=[1,[2,5],6]
s[1].remove(5)	删除列表中的 5	s=[1,[2,[3,4]],6]
Len(s[1])	计算列表 s 中子列表 [2,[3,4],5] 的长度	3

第二节 元组

元组是 Python 内置的数据结构之一，它是一组有序系列，包含 0 个或多个对象引用。与列表不同，元组是一个不可变序列。

3.2.1 元组的创建

元组定义的标准语法格式为 t=()。语法上元组的元素都是放在一对圆括号“()”中，两个相邻的元素之间使用逗号“,”分隔，如元组 t=(1,2,3)，其中数字“1，2，3”为元组 t 的元素。与列表类似，元组中的元素除了整型，还可以是浮点数、字符串、列表、元组等任何数据类型。如元组 t=(1,2, 'a')，t=(1.2,1, 'a')。

在 Python 中，直接输入元组元素，元组元素之间用“,”相隔，可以直接生成一个元组，如果一个元组的元素只有一个，那么这个元素后面需要加“,”，如果后面没有“,”，Python 会默认括号内数据本身的类型。

使用 tuple() 函数可以将任何可迭代的数据转化成元组。如输入 t=tuple ('abcd')，运行即可得元组（'a', 'b', 'c', 'd')。

3.2.2 元组的基本操作

元组的基本操作与列表类似，但又有不同。一般地，对元组的操作包括索引访问、切片操作、连接操作、重复操作、成员关系操作、比较运算操作，以及求元组长度、最大值、最小值等。

元组基本操作说明示范见表 3.5。

表 3.5 元组基本操作说明示范

操作	说明	结果
t1=(1,2,1) t2=tuple('abcd') t3=(2,3)	创建元组	t1=(1,2,1) t2=('a', 'b', 'c', 'd') t3=(2,3)
t2[1]	检索元组 t2 的第 2 个元素	'b'

续表

操作	说明	结果
t2.index('a',0,2)	检索 'a' 首次在元组 t2 中出现的位置	0
t2[1:3]	取元组中序号为 1,2 的元素	('b', 'c')
t1+t2	连接 t1 和 t2	(1,2,1, 'a', 'b', 'c', 'd')
t1*2	将元组 t1 中的元素重复两次	(1, 2, 1, 1, 2, 1)
sorted(t2)	给 t2 中的元素排序	['a', 'b', 'c', 'd']
t1>t3	比较元组 t1 是否大于 t3（先一对一比较值的大小，值如果一样，再比较元组长短）	False
len(t2)	计算元组 t2 的长度	4
max(t2)	计算元组 t2 的最大值	'd'
min(t2)	计算元组 t2 的最小值	'a'
sum(t1)	计算元组 t1 的和	4

3.2.3　元组和列表的区别

元组与列表有相似点，又有一些不同之处。元组可以视为不可变的列表。元组与列表主要有以下几点区别：

（1）元组中的数据一旦定义就不允许更改。

（2）元组没有 append() 或 extend() 方法，无法向元组中添加元素。

（3）元组没有 remove() 或 pop() 方法，不能从元组中删除元素。

3.2.4　元组的优点

一般来说，元组具有以下优点：

（1）元组的速度比列表更快。如果定义了一系列常量值，而所需做的仅是对它进行遍历，那么一般使用元组而不用列表。

（2）元组对不需要改变的数据进行“写保护”将使得代码更加安全。

（3）元组可用作字典键（特别是包含字符串、数值和其他元组这样的不可变数据的元组）。而列表永远不能当作字典键使用，因为列表不是不可变的。

3.2.5 元组和列表的转换

元组和列表可以通过 tuple() 函数和 list() 函数实现相互转化。tuple() 函数接收一个列表参数，并返回一个包含同样元素的元组，从而实现将列表转化为元组的操作；list() 函数接收一个元组参数，并返回一个列表，从而使元组转化为列表。从效果上看，tuple() 函数冻结列表，而 list() 函数融化元组。

第三节 字符串

3.3.1 字符串的定义

字符串（str）是一个有序的字符集合。使用单引号（如'a'）或双引号（如" 张 "）括起来的字符为字符常量。ASCII 码为每个字符都分配了唯一的编号，称为编码值。在 Python 中，一个 ASCII 字符除了可以用字符表示，还可以用它的编码值表示。这种使用编码值来间接地表示字符的方式称为转义字符（escape character）。转义字符及其含义见表 3.6。

表 3.6　转义字符及其含义

转义序列	字符	转义序列	字符
\'	单引号	\n	换行（LF）
\"	双引号	\r	回车（CR）
\\	反斜杠	\t	水平制表符（HT）
\a	响铃（BEL）	\v	垂直制表符（VT）
\b	退格（BS）	\ooo	八进制 Unicode 码对应的字符
\f	换页（FF）	\xhh	十六进制 Unicode 码对应的字符

3.3.2　字符串的基本操作

字符串的基本操作包括索引访问、切片操作、连接操作、重复操作、成员关系操作、比较运算操作，以及求字符串长度、最大值、最小值、排序等。字符串操作见表 3.7。

表 3.7　字符串操作

类型	操作
大小写转换	s.upper()　# 若字符串为字母，则将字符串转换为大写
	s.lower()　# 若字符串为字母，则将字符串转换为小写
	s.swapcase()　# 将字符串中的大写字母转换为小写，小写字母转换为大写
	s.capitalize()　# 将字符串首字母大写
	s.title()　# 每个用特殊字符或数字隔开的单词首字母大写
从字符串中删除前后空格或指定符号	s.strip(chars)　# 删除字符串中的指定符号
	s.rstrip()　# 删除字符串中的后空格和特殊字符
	s.lstrip()　# 删除字符串中的前空格和特殊字符

续表

类型	操作
查找子串	s.find()　# 查找子串第一次出现的位置
	s.rfind()　# 查找子串最后一次出现的位置
子串替换方法	s.replace(原串 , 新串)　# 新串替代原字符串的子串
计算子串的次数	s.count(char)　# 计算指定子串出现的次数
分割字符串成列表	s.split(char)　# 用指定子串分割字符串
组合字符串	char.join(s)　# 将指定子串加入字符串 s 中
各种测试操作	s.isalpha()　# 判断字符串 s 是否由字母组成
	s.islower()　# 判断字符串 s 是否都为小写字母
	s.isupper()　# 判断字符串 s 是否都为大写字母
	s.isdigit()　# 判断字符串 s 是否由数字组成
	s.isalnum()　# 判断字符串 s 是否由字母或数字组成
	s.isspace()　# 判断字符串 s 是否全为空格组成

3.3.3　字符串、列表、元组转换

字符串、列表和元组可以实现互相转化。使用 list() 函数可以将字符串或元组转换为列表；使用 str() 以及 "".join() 可以将列表和元组转换为字符串，两者之间有区别；使用 tuple() 函数可以实现将列表和字符串转化为元组。字符串、元组与列表之间的转换示范见表 3.8。

表 3.8　字符串、元组与列表之间的转换示范

字符串、元组、列表	转换操作	结果
str="123,45"	list(str) tuple(str)	['1', '2', '3', ',', '4', '5'] ('1', '2', '3', ',', '4', '5')

续表

字符串、元组、列表	转换操作	结果
t=('a', 'b', 'c', 'd')	"".join(t) str(t)	'abcd' "('a', 'b', 'c', 'd')"
l=['a', 'b', 'c', 'd']	"".join(l) str(l)	'abcd' "['a', 'b', 'c', 'd']"

第四节　集合

前面几节介绍了列表、元组和字符串，接下来介绍集合在 Python 中的应用。Python 中的集合是一类特殊的序列类型，和其他序列类型相比，集合中的数据是没有顺序的，所以不能为集合中的元素建立索引，不能通过索引来访问集合中的元素。例如，set1={1,2,3}，set2={1,3,2}，set1 和 set2 是两个相同的集合。list1=[1,2,3]，list2=[1,3,2]，list1 和 list2 是两个不同的列表。

集合可以用来保存不重复的元素，Python 中的集合会将所有元素放在一对大括号“{}”中，相邻元素之间用“,”分隔。Python 中有两种集合类型：一种是 set 类型的集合，另一种是 forzenset 类型的集合。它们的区别是，set 类型的集合可以做添加、删除元素的操作，而 forzenset 类型的集合不行。下面介绍集合的操作。

3.4.1　生成集合

使用“{}”创建，直接将集合赋值给变量，如 s={ 元素 }。也可以使用 set() 函数创建空集合，如 s=set(序列)。如果直接使用一对“{}”，Python 解释器会将其视为一个空字典。

3.4.2 集合的运算

创建完一个集合之后，就可以对其进行相关操作，包括使用 in 语句对集合元素进行判断，使用 add()/update() 对集合进行元素添加，使用 remove() 将某一元素从集合中移除，以及对集合进行运算操作等。集合操作示例见表 3.9。

表 3.9 集合操作示例

操作	说明
for element in set	访问 set 集合中的元素
set.add(x)/set.update(x)	将元素添加到集合 set 中
set.remove(x)	将元素 x 从集合 set 中移除
set1 | set2	并集，返回一个包含集合 set1 和集合 set2 的所有元素的新集合
set1 & set2	交集，返回同时在集合 set1 和集合 set2 中的元素的一个新集合
set1 – set2	差集，返回包括在集合 set1 但不在 set2 中的元素的一个新集合
set1==set2	判断集合 set1 和 set2 是否相等
set1!=set2	判断集合 set1 和 set2 的子集是否不相等
s=set(list)	将列表转化为集合
l=list(s)	将集合转化为列表
s=set(str)	将字符串转化为集合
str=' '.join(s)	将集合转化为字符串

3.4.3　字符串和集合例题

【例题 1】

显示一段英文文本中使用的所有单词。

程序如下：

```
str=input()
for i in '.,"\'/@#$%~':
    str=str.replace(i,'')
wordlist=str.split()
wordset=set(wordlist)
print(wordset)
```

【例题 2】

显示一段英文文本中使用的所有单词和每个单词的次数。

程序如下：

```
str=input()
for i in '.,"\'/@#$%~':
    str=str.replace(i, ' ')
wordlist=str.split()
wordset=set(wordlist)
print(wordset)
for i in wordset:
```

```
    print(i, "-->",wordlist.count(i))
```

第五节　字典

3.5.1　字典简介

字典是 Python 内置的数据结构之一，与列表一样是一个可变序列。字典以键值对的方式存储数据，每一个元素是一个键值对，键和值之间用冒号间隔，元素项之间用逗号间隔，整体用一对大括号“{}”括起来。字典语法结构为：

```
dict_name={key1:value1,key2:value2,…}
```

字典也是一类特殊的序列类型。字典中的元素是按“键”的顺序排列的，所以可以按“键”为字典中的元素建立索引，通过“键”来访问字典中的各元素。而字典中的元素是没有书写顺序的，这一点和集合类似。例如，d1={'a':1, 'b':2},d2={'b':2, 'a':1} 是两个相同的字典。d1['a']==1,d2['a']==1。

字典中的键可以是任意不可变类型，通常用字符串或数值表示。如果元组中只包含字符串和数字，它可以作为关键字；如果它直接或间接地包含了可变对象，就不能当作关键字。

3.5.2　字典的操作

新建字典可以使用“{}”直接创建，如 dic1={'a':1, 'b':2, 'c':3}，也可以使用 dict() 函数来创建空字典。

字典的基本操作包括索引访问，成员关系操作，求字典长度、最大值、最小值及排序等。字典操作示范见表 3.10。

表 3.10　字典操作示范

方法	操作
返回字典 dic 的元素数目	len(dic)
字典元素的访问	dic[key]　# 返回字典键的值，键不存在就会显示报错
	dic.get(key)　# 返回字典键的值，键不存在就返回 none
	dic.keys()　# 返回字典键的列表
	dic.values()　# 返回字典值的列表
	dic.items()　# 返回表示字典（键、值）对应表
	dic.get(key,default)　# key 存在，返回 key 对应的值，否则返回默认值
	dic.copy()　# 返回字典副本
字典元素的删除	del dic[key]　# 删除字典中的键值对
	dic.clear()　# 删除字典中的所有元素
	dic.pop(key)　# 删除键值对，若键值不存在，则返回给定键
字典元素的增加	dic [key]=value　# 修改对应键值
字典元素的更新	重新赋值 dic.update(dict1)　# 将 dic1 中的键值对更新到 dic 中
in 操作	key in dict　# 对字典 dict 中的键进行遍历
排序操作	sorted(d)　# 对字典 d 的键排序 sorted(d.keys())　# 将字典的键进行排序，并返回键 sorted(d.values())　# 按照字典的键值进行排序，并返回键值 sorted(d.items())　# 按照字典的键进行排序，返回键值对 sorted(d.items(),key=lambda d:d[1])　# 按照字典的值进行排序，并返回键值对。所有 sorted() 都可以加 reverse 参数，从而进行从大到小的排序
最大值、最小值操作	min()　# 返回字典中最小的键 max()　# 返回字典中最大的键

3.5.3 字符串与字典例题

【例题 1】

将十位学生的姓名和成绩存入字典中，输出成绩最高的学生的姓名和成绩（如果有多个最高分，需要全部输出），输出成绩最低的学生的姓名和成绩（如果有多个最低分，需要全部输出），输出平均分。

程序如下：

```
scoredic={'张':58,'李':90,'王':85,'刘':100,'赵':78,'
钱':100,'孙':69,'邓':58,'申':76,'薛':64}

namelist=scoredic.keys()
scorelist=scoredic.values()
maxscore=max(scorelist)
minscore=min(scorelist)
for i in namelist:
    if scoredic[i]==maxscore:
        print('the max score student is ',i, '=',scoredic[i])
    if scoredic[i]==minscore:
        print('the min score student is ',i, '=',scoredic[i])
print(sum(scorelist)/len(scorelist))
```

【例题 2】

统计英文文章的词频，按词频高低排序。

程序如下：

```
text=input()

for i in '.,"\ '/@#$%~:':        #for 语句去掉文本中的标点符号
    text=text.replace(i,' ')

wordlist=text.split()
wordset=set(wordlist)
worddic={}

for i in wordset:      #for 语句计算单词在文本中出现的次数
    worddic[i]=wordlist.count(i)

sortedlist=sorted(worddic.items(),key=lambda
s:s[1],reverse=True)
print(sortedlist)
```

程序说明：程序中还有其他对字典操作的方法可以计算单词在文本中出现的次数。例如：

```
for i in wordlist:
    worddic[i]=worddic.get(i,0)+1
```

或者:

```
for i in wordlist:
    if i in worddic.keys():worddic[i]+=1
    else:worddic[i]=1
```

思考与练习

1. 输入一段英文文本，求其长度，并求出包含多少个单词。

2. 输入一段英文文本，将它变成字符串列表，并对该列表排序。

3. 任意输入一串字符，输出其中不同字符以及各自的个数。例如，输入abcdefgabc，输出 a→2,b→2,c→2,d→1,e→1,f→1,g→1。

4. 显示一段英文文本中使用的所有单词。

5. 显示一段英文文本中使用的所有单词和每个单词的次数。

6. 定义一个字典，练习使用它的函数和方法。

7. 输入十位学生的姓名和分数构成的字典，读出其键和值，分别保存到两个列表中。将字典分别按姓名和分数排序，输出排序的结果。

第四章
文件

第一节　文件的相关概念

1. 文件的概念

文件是数据的集合，保存在磁盘或其他存储介质（如硬盘、U 盘、移动硬盘、光盘）上。文件可以将数据长期保存下来，以便于程序下一次执行的时候直接使用。

2. 流的概念

文件的输入 / 输出通过流来实现。I/O 流指的是 input output stream，主要指的是计算机输入和输出的操作。一般来说是内存与磁盘之间的输入 / 输出。I/O 流操作是一种持久化操作，是将数据持久化在磁盘上。

流提供一种向后备存储写入字节和从后备存储读取字节的方式。

流的分类：

（1）根据数据流动方向，分为 r（输入流）和 w（输出流）。

（2）根据数据的类型，分为 b（字节流）和 t（字符流）。

3. 文本文件

（1）文本文件的定义。

文本文件是一种由很多行字符构成的计算机文件。文本文件存在于计算机系统中，通常在最后一行放置文件结束标志。文本文件的每个字节存放的是可表示为一个字符的ASCII码的文件。文本文件以“行”为基本结构，可用任何文字处理程序阅读。

（2）文本文件的格式。

①字符编码。ASCII标准使得只含有ASCII字符的文本文件可以在UNIX、Macintosh、Windows、DOS和其他操作系统之间自由交互，而其他格式的文件是很难做到这一点的。但是，在这些操作系统中，换行符并不相同，处理非ASCII字符的方式也不一致。

在英文文本文件中，ASCII字符集是最为常见的格式，而且在许多场合，它也是默认的格式。对于带重音符号的和其他的非ASCII字符，必须选择一种字符编码。在很多系统中，字符编码是由计算机的区域设置决定的。

由于许多编码只能表达有限的字符，因此通常它们只能用于表达几种语言。Unicode制定了一种试图能够表达所有已知语言的标准。Unicode字符集非常大，囊括了大多数已知的字符集。Unicode有多种字符编码，其中最常见的是UTF-8，这种编码能够向后兼容ASCII，相同内容的ASCII文本文件和UTF-8文本文件完全一致。

②“.txt”。“.txt”是包含极少格式信息的文本文件的扩展名。“.txt”格式并没有明确的定义，它通常是指那些能够被系统终端或者简单的文本编辑器接收的格式。任何能读取文字的程序都能读取带有“.txt”扩展名的文件，因此，通常认为这种文件是通用的、跨平台的。

在Windows中，当一个文件的扩展名为“.txt”时，系统就认为它是一个文本文件。此外，出于特殊的目的，有些文本文件使用其他扩展名。例如，计算机中有些源代码是文本文件，它们的扩展名是用来指明它的编程语言的。

大多数Windows文本文件使用ANSI、OEM或者Unicode编码。Windows所指的ANSI编码通常是1字节的ISO-8859编码，不过对于像中文、日文、朝鲜文这样的环境，需要使用 2 字节字符集。在过渡至 Unicode 前，Windows 一直用 ANSI 作为系统默认的编码。OEM 编码即通常所说的 MS-DOS 代码页，是 IBM 为早期 IBM 个人计算机的文本模式显示系统定义的。在全屏的 MS-DOS 程序中同时使用了图形的和按行绘制的字符。新版本的 Windows 可以使用 UTF-16LE 和 UTF-8 等 Unicode 编码。

4. 二进制文件

广义的二进制文件即指文件，因文件在外围设备的存放形式为二进制而得名。狭义的二进制文件即除文本文件以外的文件。文本文件的编码基于字符定长，译码相对容易；二进制文件编码是变长的，译码要难一些，不同的二进制文件译码方式不同。

二进制文件把对象在内存中的内容以字节串（bytes）形式进行存储，不能用字处理软件进行编辑。

第二节　文件的操作流程

4.2.1　概述

文件的操作分为三个主要步骤，分别如下：

（1）打开文件：打开文件（open），并且返回文件操作对象。

（2）读写文件：将文件读入内存（read），将内容写入文件（write）。

（3）关闭文件：关闭文件（close）。

文件的操作流程如图 4.1 所示。

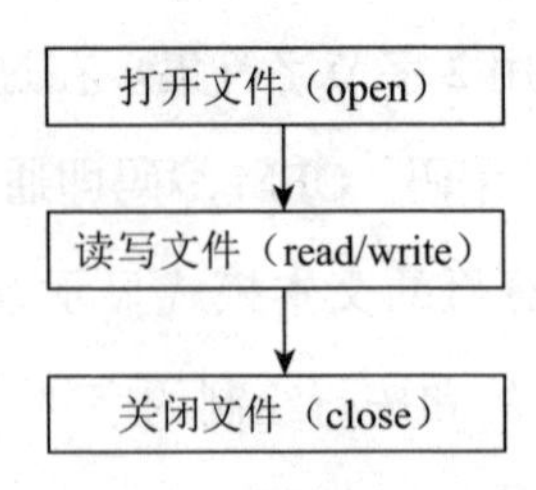

图 4.1　文件的操作流程

4.2.2　文件打开

1. 语句格式

在 Python 中，使用 open() 函数可以打开一个已经存在的文件，或者创建一个新文件：open(文件名 , 访问模式)。open() 函数将文件名作为唯一必不可少的参数，并返回一个文件对象。

格式：

```
f=open(file,mode='r',buffering=-1,encoding=None)
```

2. 参数说明

在 open() 函数的四个参数中，只有 file 是必需的，其他三个参数都有默认值，打开文件的参数说明见表 4.1。

表 4.1　打开文件的参数说明

参数	说明
file	文件名和路径
mode	打开方式，默认为 'r'
buffering	缓冲区大小，默认为 -1，即系统默认的缓冲区大小
encoding	打开文件编码格式，默认为操作系统默认的编码格式

最简单的 file 参数只包括文件名（带文件扩展名），这时被打开的文件与程序文件在同一文件夹下，如 f=open('a.txt')。

file 参数也可以是被打开文件的路径名和文件名，如 f=open("d:/python3/a.txt") 或 f=open("d:\python3\a.txtdoukuy")。

在路径名中“\”和“/”都可以使用。

此外，mode 参数可以有不同的取值，代表着不同的含义。mode 参数的取值说明见表 4.2。

表 4.2　mode 参数的取值说明

参数	取值说明
'r'	只读，默认值，如果文件不存在，则返回 File Not Found Error 异常
'w'	覆盖写，文件不存在则创建，存在则覆盖
'a'	追加写，文件不存在则创建，存在则追加
'x'	创建写，文件不存在则创建，存在则返回 File Exist 异常
't'	文本文件，默认值
'b'	二进制文件
'+'	与 'r/w/a/x' 一同使用，表示同时增加读写

4.2.3　文件写入

保存数据最简单的方式之一就是将其写入文件中。通过将输出写入文件，即便关闭包含程序输出的终端窗口，这些输出依然存在。文件中的数据可以查看、分享或读取到内存进行处理。open() 函数使用时默认是 mode='r' 读取文件模式，因此，如果打开文件是供读取则可以省略 mode='r'。若是要供写入，那么就要设定写入模式 mode='w'。程序设计时，可以省略 mode，直接在 open() 函数内输入 'w'。wirte() 函数可以把字符串写入文件，writelines() 函数可以把列表中存储的内容写入文件。

Python 中读取文件的相关方法如下：

（1）<file>.write()：向文件写入一个字符串或字节流。

（2）<file>.writelines()：将一个元素全为字符串的列表写入文件。

（3）<file>.seek(offset)：改变当前操作指针的位置，其中，offset 值为 0 表示文件开头，值为 1 表示当前位置，值为 2 表示文件结尾。

【例题】

```
f=open('poem.txt','w')
poem='I believe I am born as the bright summer flowers.\
                                        #"\" 符号可以在编辑时换行
I believe I am died as the quiet beauty of autumn leaves'
f.write(poem)
f.write(poem)
f.close()
```

4.2.4　文件读取

文件最重要的功能是提供和接收数据。文件打开后可以使用 read() 函数读取所打开的文件，使用 read() 函数进行读取时，所有的文件内容将以一个字符串的方式被读取，然后存入字符串变量内。

Python 中读取文件的相关方法如下：

（1）<file>.read()：一次读取文件所有内容，返回一个字符串或字节流。

（2）<file>.read(size)：每次最多读取指定长度的内容，返回一个字符串或字节流。在 Python 中，size 指定的是字符长度。

（3）<file>.readlines()：一次读取文件所有内容，按行返回一个列表。

（4）<file>.readline()：每次只读取一行内容，执行后，会把指针移动到下一行，准备下一次读取。

【例题】

```
f=open('pom.txt','r')
re=f.read()
print(re)
f.close()
```

思考与练习

1. 将一段文本写入一个文件中。

2. 统计第 1 题文本文件中的词频，将统计结果写入该文本文件结尾处。

3. 统计英文文本文件中的词频，输出其中词频最高的 100 个单词。

4. 统计英文文本文件中的有效词频（去掉常用的标点符号，去掉没有意义的虚词、代词等），输出其中词频最高的 100 个单词。

5. 统计英文文本文件中前 100 个有效高频词，并把统计结果保存到文件中。

第五章 函数与模块

第一节　函数的声明和调用

函数是具有名称的实现特定功能的代码集合。在编写程序时，可以将需要重复使用的代码段定义为函数，每次要使用这段代码时就调用该函数。所以函数的使用分为定义和调用两部分。使用函数的优点如下：

（1）不用重复书写相同的代码段，提高了编程效率。

（2）使程序具有模块化结构，便于阅读和修改，提高了程序的可读性。

定义函数需要用 def 关键字实现，调用函数也就是执行函数。

函数的声明格式如下：

```
def 函数名([形参列表]):
    函数体
```

此格式中，各参数的含义如下：

函数名：是一个符合 Python 语法的标识符，函数命名最好能够体现出该函数的功能。

形参列表：设置该函数可以接收的参数，多个参数之间用逗号“,”分隔。

函数的调用格式如下：

```
函数名([实参列表])
```

其中，函数名即要调用的函数的名称，实参列表指的是当初创建函数时要求传入的各个形参的值。注意：函数创建时有多少个形参，那么调用时就需要传入多少个值，且两者之间是一一对应的。

第二节　函数的参数和返回值

函数的参数和返回值是定义和使用函数需要重点考虑的两个因素。参数定义了用什么数据去调用函数，返回值定义了调用函数后能获得怎样的结果。参数和返回值相当于函数的输入和输出，直接影响函数的功能和使用。

5.2.1　函数的参数

1. 实参与形参

定义函数时的参数为形式参数，简称形参。调用函数时的参数为实际参数，简称实参。形参一般是变量名，用来接收调用时传来的值。实参是具体的值，这个值可以是常量、变量或表达式，但调用时已经可以计算出具体的值。实参和形参在数量、类型、调用顺序方面严格一致，否则会发生类型不匹配的错误。

【例题 1】

```
#定义函数
def circle(r):
```

```
    area=3.14*r*r
    perimeter=2*3.14*r
    print('半径为',r,'的圆的面积为：', area)
    print('半径为',r,'的圆的周长为：', perimeter)
#主程序
circle(2) #函数调用
circle(3) #函数调用
circle(4) #函数调用
```

程序运行结果：

```
半径为2的圆的面积为：12.56
半径为2的圆的周长为：12.56
半径为3的圆的面积为：28.26
半径为3的圆的周长为：18.84
半径为4的圆的面积为：50.24
半径为4的圆的周长为：25.12
```

程序运行过程如图5.1所示。

2. 默认参数

Python允许为参数设置默认值，即在定义函数时，直接给形式参数指定一个默认值，这样的参数就成为默认参数。默认参数的特点是在函数调用时可以不给它传值，只要按照顺序去给没有默认值的参数赋值即可，所以默认参数需要定义在函数参数列表的末尾。

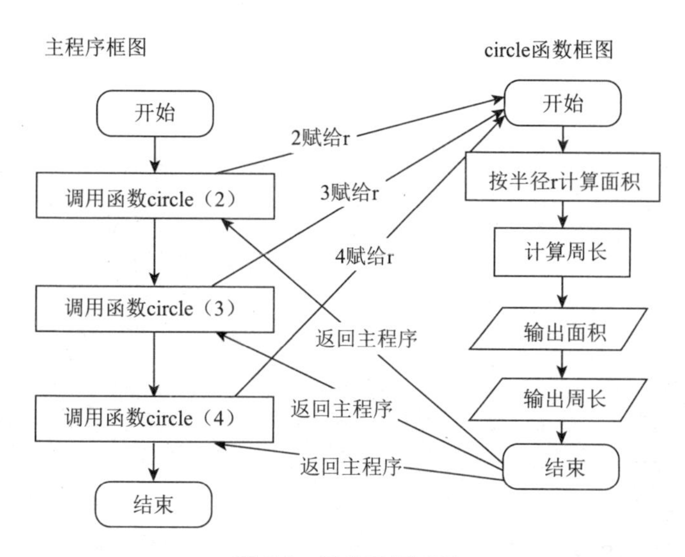

图 5.1　程序运行过程

【例题 2】

```
def say(message,times=2):
    print(message*times)
# 主函数
say('Hello')    # 默认参数 times 为 2
say('World',5)
```

3. 可变长参数

在 Python 中编写函数时可能会遇到参数数量不确定的情况，这时就可以用可变长参数。在 Python 中有两种可变长参数，第一种是在形参名前加“*”，表示接收任意多的参数，参数以“*”开始代表任意长度的元组；第二种是在形参名前加“**”，表示接收任意的关键参数，以“**”开始代表一个字典，即一组 key=value 值。

【例题 3】

```
def fun(x,*y,**z):
    print(x)
    print(y)
    print(z)
# 主函数
fun(1)
fun(1,2,3,4)
fun(1,2,3,a="a",b="b")
```

程序运行结果：

```
1
()
{}
1
(2,3,4)
{}
1
(2,3)
{'a': 'a', 'b': 'b'}
```

fun(1) 运行时，x=1，y=()，z={}；fun(2) 运行时，x=1，y=(2,3,4)，z={}；fun(3) 运行时，x=1，y=(2,3)，z={'a': 'a', 'b': 'b'}。

5.2.2　函数的返回值

在 Python 中可以使用 return 语句从函数返回一个值，并跳出函数。该返回值可以是任意类型，且无论 return 语句出现在函数的什么位置，只要得到执行，就会直接结束函数的执行。

return 语句的语法格式为 return[value]，其中 value 是指要返回的值，可以返回一个值，也可以返回多个值。

【例题 1】

```
# 定义函数
def maximum(x,y):
    if x>y:
        return x
    else:
        return y
# 主函数
z=maximum(2,3)
print(z)
```

【例题 2】

```
def prime(n):
    flag=0
    primelist=[]
    for i in range(2,n+1):
```

```
        for j in range(2,i):
            if i%j==0:
                flag=1
                break
        if flag==0:
            primelist.append(i)
        flag=0
    return primelist
# 主程序
n=int(input('n='))
print(prime(n))
```

程序功能说明：prime(n) 定义了 n 以内的素数函数。primelist 作为函数返回值，是 n 以内的素数列表。

第三节　变量作用域

函数体中除可以定义参数外还可以定义变量，变量作用域指的是变量生效的范围。在 Python 中一共有两种变量作用域，分别为全局变量和局部变量。局部变量是指在函数体中声明的变量，只在函数体内部生效。全局变量是指使用关键字 global 声明的变量，也称公用变量，可以在项目的任何模块、任何函数中使用。

第四节　递归函数

递归函数又称自调用函数。在 Python 中，函数直接或间接地调用函数本身，则称该函数为递归函数。也就是说，如果在一个函数内部调用自身，那么这个函数就称为递归函数。可以使用递归函数实现阶乘。

【例题 1】

求 n！。已知 $n!=n(n-1)!$。

```
def f(n):
    if n==1:
        return 1
    else:
        return n*f(n-1)
# 主程序
print(f(4))
print(f(5))
```

程序运行结果：

```
24
120
```

【例题 2】

求斐波那契数列的第 n 项，已知：f(1)=1，f(2)=2，$f(n)=f(n-1)+f(n-2)$。

```
def f(n):
    if n==1:
        return 1
    elif n==2:
        return 2
    else:
        return f(n-1)+f(n-2)
# 主程序
print(f(3),f(4),f(5))
```

程序运行结果：

```
2 5 8
```

【例题 3】

相传在古印度圣庙中，有一种被称为汉诺塔（Hanoi）的游戏。该游戏是在一块铜板装置上放有三根杆（编号 A、B、C），在 A 杆自下而上、由大到小按顺序放置 64 个盘子（见图 5.2）。游戏的目标：把 A 杆上的盘子全部移到 B 杆上，并仍保持原有顺序。操作规则：每次只能移动一个盘子，并且在移动过程中三根杆上始终保持大盘在下、小盘在上，操作过程中盘子可以置于 A、B、C 任一杆上。

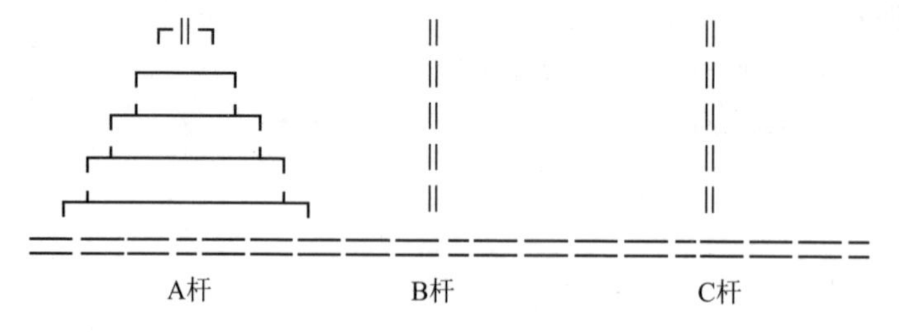

图 5.2　汉诺塔问题图示

分析：对于这样一个问题，任何人都不可能直接写出移动盘子的每一步，但可以利用下面的方法来解决。设移动盘子数为 n，为了将这 n 个盘子从 A 杆移动到 B 杆，可以做以下三步：

（1）以 B 杆为中介，从 A 杆将 1 至 n–1 号盘子移至 C 杆。

（2）将 A 杆中剩下的第 n 号盘子移至 B 杆。

（3）以 A 杆为中介，从 C 杆将 1 至 n–1 号盘子移至 B 杆。

这样问题就解决了。但实际操作中，只有第（2）步可直接完成，而第（1）（3）步又成为移动的新问题。以上操作的实质是把移动 n 个盘子的问题转化为移动 n–1 个盘子，那第（1）（3）步如何解决？事实上，上述方法设盘子数为 n，n 可为任意正整数，该法同样适用于移动 n–1 个盘子。因此，依据上面的方法，可解决 n–1 个盘子从 A 杆移到 C 杆或从 C 杆移到 B 杆的问题。现在，问题由移动 n–1 个盘子的操作转化为移动 n–2 个盘子的操作。依据该原理，层层递推，即可将原问题转化为解决移动 n–2，n–3，…，3，2，直到移动 1 个盘子的操作，而移动一个盘子的操作是可以直接完成的。至此，任务完成。

汉诺塔问题是用递归方法求解的一个典型问题。如果定义函数 hanoi(a,b,c,n) 为将 n 个盘子借助 C 杆从 A 杆移动到 B 杆，则 hanoi (a,c,b,n–1) 为将 n–1 个盘子借助 B 杆从 A 杆移动到 C 杆。

程序如下：

```
def hanoi(a,b,c,n):
    if n==1:print(a,'->',b)
    else:
        hanoi (a,c,b,n-1)
        print(a,'->',b)
        hanoi (c,b,a,n-1)
```

```
print('two layer hanoi:')
hanoi ('a','b','c',2)
print('three layer hanoi:')
hanoi ('a','b','c',3)
```

程序运行结果：

```
two layer hanoi:
a->c
a->b
c->b
three layer hanoi:
a->b
a->c
b->c
a->b
c->a
c->b
a->b

b->c
b->a
c->a
b->c
a->b
a->c
```

```
b->c
```

第五节　模块

5.5.1　模块相关概念

Python 的程序可以按功能划分成模块。程序由模块组成，模块由函数组成，模块是程序组织单元。

Python 模块可分为三类：系统模块、自定义模块和扩展模块。

（1）系统模块是安装 Python 运行环境系统自带的模块。这类模块可以使用引用语句被程序引入，然后被使用。

（2）自定义模块就是一个程序文件，也可以使用引用语句被其他程序引入，然后被使用。

（3）扩展模块是互联网上其他程序开发人员编写的程序，一般放在专门的网站，需要下载并安装后，再使用引用语句被程序引入，之后才能被使用。

Python 的扩展模块是 Python 的主要特点，也是 Python 功能强大的最重要的贡献者。Python 扩展模块都是开源的软件包，广大编程爱好者不断开发各种 Python 扩展模块，发布到互联网上，使 Python 功能日益丰富、日益强大。用 Python 编程时使用模块不但可以实现代码重用，提高编程效率，改善程序结构，提高程序的可读易改性，而且可以极大地提升程序功能，完成既定目标。

5.5.2 模块的使用

使用模块实际是使用模块中定义的函数和变量。模块也可称为库。系统库、自定义库、扩展库也就是系统模块、自定义模块和扩展模块。

在使用模块中的函数和变量之前，需要在程序的最开始先引用模块，模块被引用后，里面的函数和变量才能被使用。

1. 引用模块

在 Python 中，模块的引用有以下几种方法：

方法 1：引入模块

```
import moduleName
```

方法 2：引入模块下的函数

```
from moduleName import functionName1, functionName2
```

方法 3：引入模块的所有函数

```
from moduleName import *
```

方法 1 引用模块后，可以使用模块中的所有函数，使用方法：模块名 . 函数名（参数）。

方法 2 引用模块后，只能使用模块中被引入的函数，模块中的其他函数不能使用。使用方法：函数名（参数）。

方法 3 引用模块后，可以使用模块中的所有函数。使用方法：函数名（参数）。

2. 系统模块的使用

系统模块是先引用，再使用。

【例题 1】

系统模块的使用：

```
import math                    #math 是系统模块，直接引用
    print(math.sin(0))    # 方法 1 引用模块后，使用其函数
```

或者：

```
from math import *
    print(sin(0))    # 方法 3 引用模块后，使用其函数
```

3. 自定义模块的使用

自定义模块的使用方法为：先定义一组常量、变量和函数，将其保存为 Python 程序文件，这个文件即为一个自定义模块。模块定义好后，就可以直接引用并使用。

【例题 2】

定义一个函数，求 *n* 以内的素数，保存为模块 selectNumber.py。

```
def prime(n):
    flag=0
    primelist=[]
    for i in range(2,n+1):
        for j in range(2,i):
```

```
                if i%j==0:
                    flag=1
                    break
        if flag==0:
            primelist.append(i)
        flag=0
    return primelist
```

使用模块程序：

```
from selectNumber import *
print(prime(100))
```

程序运行结果：

```
[2, 3, 5, 7, 11, 13, 17, 19, 23, 29, 31, 37, 41, 43, 47, 53,
59, 61, 67, 71, 73, 79, 83, 89, 97]
```

4. 扩展模块的使用

扩展模块需要先下载安装，才能被引用和使用。

Windows 操作系统下，打开命令行窗口，输入命令“pip install 模块名”，即可以下载安装指定的模块。例如：

```
pip install matplotlib
pip install scipy
pip install requests
```

如果安装出错，可以尝试将模块下载到本地安装。

```
pip install d:\...\...\matplotlib.whl
```

成功安装扩展模块后，就可以使用 import 语句引用模块，引用后即可使用扩展模块中的函数。

第六节　扩展模块使用案例

【案例 1】

旅游文本关键词提取及词云生成。

分析：学习了本书第三章和第四章的内容之后，可以利用序列类型和文件方便地求出英文文本文件中各单词的词频，从而得到其中的高频词。在求某一文本的词频时，首先需要对文本进行分词。因为英文单词之间有空格，所以用字符串的 split() 方法可以很容易完成英文文本分词。但对于中文文本，分词是一个比较复杂的问题，需要专门的语言学方面的知识和复杂的编程。Python 有专门的中文分词扩展模块，只要引用模块中的相关函数就可以方便地解决中文分词问题，进而统计中文文本词频。

jieba 是 Python 中的中文分词模块，先用 pip install jieba 命令安装好 jieba 扩展模块，再输入以下程序：

```
import jieba                    #引入分词扩展模块


f=open("海南省旅游.txt","r",encoding="utf-8")
text=f.read()
f.close()
```

```
wordlist=jieba.lcut(text)  #jieba中的lcut()函数进行分词
wordset=set(wordlist)
worddic={}

for i in wordset:
    worddic[i]=wordlist.count(i)

sortedlist=sorted(worddic.items(),key=lambda x:x[1],reverse=
True)
print(sortedlist[:100])    #显示前100个高频词
```

有了文本的词汇表，还可以利用wordcloud和matplotlib模块生成中文文本的词云。词云中的词是文本中的关键词，它们不同于词汇表中的高频词，运行高频词的程序后会看到很多高频词，如“是”“我们”“它们”等是没有意义的。从高频词中计算关键词有一定的关键词生成算法，Python中的wordcloud模块实现了关键词计算算法，只需要调用它的方法即可。下面用海南省旅游文本作为文本文件，利用词云生成海南省旅游形象描述图片，如图5.3所示。

程序如下：

```
import jieba
import wordcloud
from matplotlib.image import imread

mask=imread("海南省地图.jpg")
```

```
f=open(" 海南省旅游 .txt","r",encoding="utf-8")
text=f.read()
f.close()

wordlist=jieba.lcut(text)
text=" ".join(wordlist)

w=wordcloud.WordCloud(mask=mask,font_path="msyh.ttc",width=
1000,height=700,\

background_color="white",max_words=50)
w.generate(text)
w.to_file(" 海南 .jpg")
```

程序运行结果如图 5.3 所示。

图 5.3　海南省旅游形象描述图片

【案例 2】

从全国天气预报网站获取全国旅游城市天气数据。

本案例演示用 Python 程序获取互联网网页的 JSON 格式数据，并解析数据内容以便进一步使用。程序的输入是城市名称，输出是该城市的天气信息。

首先介绍相关背景知识。

1. 中国天气网

中国天气网每天实时发布全国天气信息，如图 5.4 所示。

图 5.4　全国天气网

在网站的“我的天气”一栏切换城市，可以实时获取全国各城市和地区的天气预报信息，如图 5.5 所示。

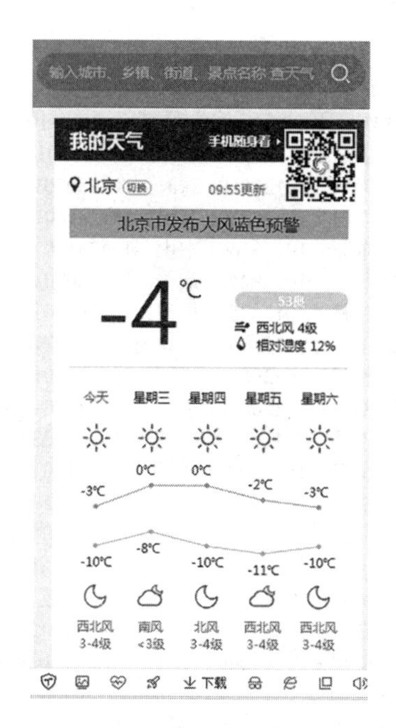

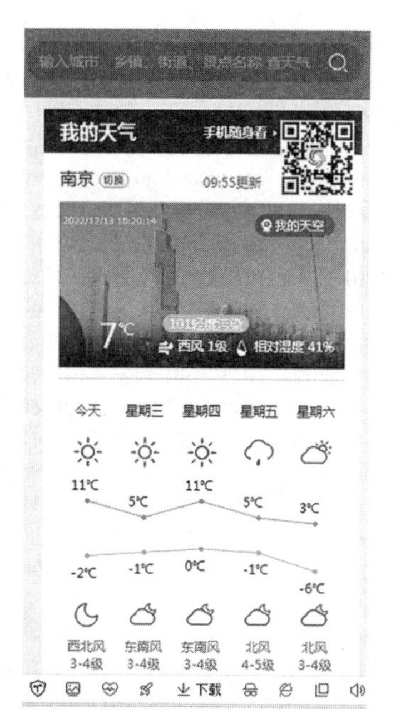

图 5.5　城市天气信息

2. 城市代码

全国每一个城市和地区都有唯一的代码，该代码在很多网站上可查到。因为城市天气预报的数据是放在每个城市的代码对应的页面，所以程序需要用到城市名称与城市代码的转换。部分城市代码如图 5.6 所示。

北京：101010100 天津：101030100 上海：101020100 石家庄：101090101 张家口：101090301
承德：101090402 唐山：101090501 秦皇岛：101091101 沧州：101090701 衡水：101090801
邢台：101090901 邯郸：101091001 保定：101090201 廊坊：101090601 郑州：101180101
新乡：101180301 许昌：101180401 平顶山：101180501 信阳：101180601 南阳：101180701
开封：101180801 洛阳：101180901 商丘：101181001 焦作：101181101 鹤壁：101181201
濮阳：101181301 周口：101181401 漯河：101181501 驻马店：101181601 三门峡：101181701
济源：101181801 安阳：101180201 合肥：101220101 芜湖：101220301 淮南：101220401
马鞍山：101220501 安庆：101220601 宿州：101220701 阜阳：101220801 亳州：101220901
黄山：101221001 滁州：101221101 淮北：101221201 铜陵：101221301 宣城：101221401
六安：101221501 巢湖：101221601 池州：101221701 蚌埠：101220201 杭州：101210101
舟山：101211101 湖州：101210201 嘉兴：101210301 金华：101210901 绍兴：101210501
台州：101210601 温州：101210701 丽水：101210801 衢州：101211001 宁波：101210401
重庆：101040100 福州：101230101 泉州：101230501 漳州：101230601 龙岩：101230701

图 5.6　部分城市代码

晋江：101230509 南平：101230901 厦门：101230201 宁德：101230301 莆田：101230401
三明：101230801 兰州：101160101 平凉：101160301 庆阳：101160401 武威：101160501
金昌：101160601 嘉峪关：101161401 酒泉：101160801 天水：101160901 临夏：101161101
合作：101161201 白银：101161301 定西：101160201 张掖：101160701 广州：101280101
惠州：101280301 梅州：101280401 汕头：101280501 深圳：101280601 珠海：101280701
佛山：101280800 肇庆：101280901 湛江：101281001 江门：101281101 河源：101281201
清远：101281301 云浮：101281401 潮州：101281501 东莞：101281601 中山：101281701
阳江：101281801 揭阳：101281901 茂名：101282001 汕尾：101282101 韶关：101280201
南宁：101300101 柳州：101300301 来宾：101300401 桂林：101300501 梧州：101300601
防城港：101301401 贵港：101300801 玉林：101300901 百色：101301001 钦州：101301101
河池：101301201 北海：101301301 崇左：101300201 贺州：101300701 贵阳：101260101
安顺：101260301 都匀：101260401 兴义：101260906 铜仁：101260601 毕节：101260701
六盘水：101260801 遵义：101260201 凯里：101260501 昆明：101290101 红河：101290301
文山：101290601 玉溪：101290701 楚雄：101290801 普洱：101290901 昭通：101291001
临沧：101291101 怒江：101291201 香格里拉：101291301 丽江：101291401 德宏：101291501
景洪：101291601 大理：101290201 曲靖：101290401 保山：101290501 呼和浩特：101080101
乌海：101080301 集宁：101080401 通辽：101080501 阿拉善左旗：101081201 鄂尔多斯：101080701
临河：101080801 锡林浩特：101080901 呼伦贝尔：101081000 乌兰浩特：101081101 包头：101080201
赤峰：101080601 南昌：101240101 上饶：101240301 抚州：101240401 宜春：101240501
鹰潭：101241101 赣州：101240701 景德镇：101240801 萍乡：101240901 新余：101241001
九江：101240201 吉安：101240601 武汉：101200101 黄冈：101200501 荆州：101200801
宜昌：101200901 恩施：101201001 十堰：101201101 随州：101201301 荆门：101201401
天门：101201501 仙桃：101201601 潜江：101201701 襄樊：101200201 鄂州：101200301
孝感：101200401 黄石：101200601 咸宁：101200701 成都：101270101 自贡：101270301
绵阳：101270401 南充：101270501 达州：101270601 遂宁：101270701 广安：101270801
巴中：101270901 泸州：101271001 宜宾：101271101 内江：101271201 资阳：101271301
乐山：101271401 眉山：101271501 凉山：101271601 雅安：101271701 甘孜：101271801
德阳：101272001 广元：101272101 攀枝花：101270201 银川：101170101 中卫：101170501
固原：101170401 石嘴山：101170201 吴忠：101170301 西宁：101150101 黄南：101150301
海北：101150801 果洛：101150501 玉树：101150601 海西：101150701 海东：101150201
海南：101150401 济南：101120101 潍坊：101120601 临沂：101120901 菏泽：101121001
滨州：101121101 东营：101121201 威海：101121301 枣庄：101121401 日照：101121501
莱芜：101121601 聊城：101121701 青岛：101120201 淄博：101120301 德州：101120401
烟台：101120501 济宁：101120701 泰安：101120801 西安：101110101 延安：101110300
榆林：101110401 铜川：101111001 商洛：101110601 安康：101110701 汉中：101110801
宝鸡：101110901 咸阳：101110200 渭南：101110501 太原：101100101 临汾：101100701
运城：101100801 朔州：101100901 忻州：101101001 长治：101100501 大同：101100201
阳泉：101100301 晋中：101100401 晋城：101100601 吕梁：101101100 乌鲁木齐：101130101
石河子：101130301 昌吉：101130401 吐鲁番：101130501 库尔勒：101130601 阿拉尔：101130701
阿克苏：101130801 喀什：101130901 伊宁：101131001 塔城：101131101 哈密：101131201
和田：101131301

图 5.6 部分城市代码（续）

3. JSON 数据格式

JSON（JavaScript Object Notation）数据格式是网页上常用的一种数据格

式，其他常用的网页数据格式还有 HTML、XML 等。

JSON 是一种轻量级的数据交换格式，易于人阅读和编写，可以在多种语言之间进行数据交换，同时也易于机器解析和生成。

JSON 是一个标记符的序列。这套标记符包含六个构造字符、字符串、数字和三个字面值。

（1）六个构造字符：[（左方括号）、{（左大括号）、]（右方括号）、}（右大括号）、:（冒号）和,（逗号）。

（2）在六个构造字符的前或后允许存在无意义的空白符（ws）。

（3）JSON 的构成：

```
构造字符　值　构造字符
```

值可以是对象、数组、数字、字符串或者三个字面值（false、null、true）中的一个。字面值中的英文必须使用小写。

对象由大括号括起来的以逗号分隔的成员构成，成员是字符串键和上文所述的值由逗号分隔的键值对组成，如：

```
{"name": "John Doe", "age": 18, "address": {"country" :
"china", "zip-code":"10000"}}
```

JSON 中的对象可以包含多个键值对，并且有数组结构。

数组由方括号括起来的一组值构成，如：

```
[3, 1, 4, 1, 5, 9, 2, 6]
```

字符串是双引号包围的任意数量 Unicode 字符的集合，使用反斜线转义。

数字也与 C 语言或者 Java 的数值非常相似。

一些合法的 JSON 的实例：

```
{"a": 1, "b": [1, 2, 3]}
[1, 2, "3", {"a": 4}]

3.14
"plain_text"
```

中国天气网上每个城市的天气数据是用JSON格式表示的。如“北京”的天气网页数据为：

```
{"weatherinfo":
    {"city":" 北京 ",
    "cityid":"101010100",
    "temp1":"18℃ ",
    "temp2":"31℃ ",
    "weather":" 多云转阴 ",
    "img1":"n1.gif",
    "img2":"d2.gif",
    "ptime":"18:00"}
}
```

“南京”的天气网页数据为：

```
{"weatherinfo":
    {"city":" 南京 ",
    "cityid":"101190101",
    "temp1":"18℃ ",
```

```
    "temp2":"21℃ ",
    "weather":" 大雨 ",
    "img1":"n9.gif",
    "img2":"d9.gif",
    "ptime":"18:00"}
}
```

根据本章前面学习的内容，JSON 格式数据很适合用 Python 字典来保存。

由前面的背景知识可以得到程序从输入到输出的处理流程为：输入城市名称→获取城市代码→获取指定城市天气数据→解析数据→显示需要的天气信息。

程序如下：

```
import requests


def getCityCode(cityname):
    citytable=\
    {" 北京 ":"101010100"," 天津 ":"101030100"," 上海 ":"101020100",\
     " 南京 ":"101190101"," 张家口 ":"101090301"," 承德 ":"101090402",\
     " 秦皇岛 ":"101091101"," 杭州 ":"101210101"," 厦门 ":"101230201"}
    citylist=citytable.keys()
    codelist=citytable.values()
    if cityname in citylist:
        return citytable[cityname]
    else:
        errorstring=" 该地区不存在！"
```

```
        return errorstring

def getJSON(url):
    try:
        r=requests.get(url, timeout=30)
        r.raise_for_status() #如果状态不是200，则引发异常
        r.encoding = 'utf-8' #无论原来用什么编码，都改成utf-8
        return r.json()
    except:
        return"网络错误"

cityin=input("输入城市名称：")
citycode=getCityCode(cityin)
if citycode=='该地区不存在！':print(citycode)
else:

    url=('http://www.weather.com.cn/data/cityinfo/%s.html'
    %citycode)
    cityinfo=getJSON(url)       # cityinfo是Python字典格式数据
if cityinfo=="网络错误":print("网络错误")
else:
     result=cityinfo['weatherinfo']
     print(result['weather'])
     print(result['temp1'], '—',result['temp2'])
```

程序运行后，提示“输入城市名称：”，输入的名称如果不在程序所列的旅游城市列表中，则显示“该地区不存在！”；否则，在网站正常的情况下，显示该城市的天气状况及最高温度和最低温度，网站异常则显示“网络错误”。

思考与练习

1. 调用 math 模块中的数学函数，求输入角度的正弦值、余弦值、正切值、余切值。对输入的数据进行判断，如果不是数值，则提示错误并重新输入。

2. 定义一个有加、减、乘、除四个函数的模块，在另一个文件中使用这个模块中的函数计算两个数的和、差、积、商。

第六章
异常处理

第一节 认识异常

程序编写完成后，在调试程序的过程中，通常会遇到三类错误，分别为：逻辑错误、语法错误与运行错误。异常通常指程序运行时的错误。

6.1.1 程序错误

1. 逻辑错误

逻辑错误又称语义错误，表现形式是程序运行时不报错，但结果不正确，这往往是由于程序存在逻辑上的缺陷引起的。对于逻辑错误，Python 解释器无能为力，只能由人工发现。例如，运算符使用得不合理、语句的次序不对、循环语句的起始终止不正确等都是逻辑错误的表现形式。

2. 语法错误

语法是语句的形式，必须符合 Python 的要求。在编辑代码时，Python 会对输入的代码进行语法检查。例如，变量名命名不合规范、语句书写错误等，都会导致运行语句时出现错误。

3. 运行错误

有些代码在编写时没有错误，但在程序运行过程中发生异常，这类错误即为运行错误。例如，执行除数为零的除法运算、打开不存在的文件、数据类型不匹配、列表索引越界等。

6.1.2　异常的定义

异常就是一类事件，当此类事件在程序执行过程中发生时，就会影响程序的正常执行。一般情况下，在 Python 无法正常处理程序时就会发生一个异常，而异常是 Python 的一种对象类型，用来表示一个错误。当 Python 脚本发生异常时需要捕获并处理异常，否则程序就会终止。

6.1.3　异常的类型

Python 中的异常种类见表 6.1。

表 6.1　Python 中的异常种类

异常名称	描述
BaseException	所有异常的基类
SystemExit	解释器请求退出
KeyboardInterrupt	用户中断执行
Exception	常规错误的基类
StopIteration	迭代器没有更多的值
GeneratorExit	生成器（generator）发生异常来通知退出
StandardError	所有的内建标准异常的基类
ArithmeticError	所有数值计算错误的基类

续表

异常名称	描述
FloatingPointError	浮点计算错误
OverflowError	数值运算超出最大限制
ZeroDivisionError	除（或取模）零（所有数据类型）
AssertionError	断言语句失败
AttributeError	对象没有这个属性
EOFError	没有内建输入，到达 EOF 标记
EnvironmentError	操作系统错误的基类
IOError	输入 / 输出操作失败
OSError	操作系统错误
WindowsError	系统调用失败
ImportError	导入模块 / 对象失败
LookupError	无效数据查询的基类
IndexError	序列中没有此索引（index）
KeyError	映射中没有这个键
MemoryError	内存溢出错误
NameError	未声明 / 初始化对象
UnboundLocalError	访问未初始化的本地变量
ReferenceError	弱引用试图访问已经垃圾回收了的对象
RuntimeError	一般的运行错误
NotImplementedError	尚未实现的方法
SyntaxError	Python 语法错误
IndentationError	缩进错误
TabError Tab	和空格混用
SystemError	一般的解释器系统错误

续表

异常名称	描述
TypeError	对类型无效的操作
ValueError	传入无效的参数
UnicodeError	Unicode 相关错误
UnicodeDecodeError	Unicode 解码时错误
UnicodeEncodeError	Unicode 编码时错误
UnicodeTranslateError	Unicode 转换时错误
Warning	警告的基类
DeprecationWarning	关于被弃用的特征的警告
FutureWarning	关于构造将来语义会有改变的警告
OverflowWarning	旧的关于自动提升为长整型（long）的警告
PendingDeprecationWarning	关于特性将会被废弃的警告
RuntimeWarning	可疑运行时行为的警告
SyntaxWarning	可疑语法的警告
UserWarning	用户代码生成的警告

第二节　捕获异常

在实际开发过程中，需要写出稳健的程序，不希望程序在执行过程中遇到异常就自动终止。因此，需要处理程序执行过程中的异常事件，从而保证程序不会因为发生异常而终止。在编码过程中，可以使用 try ... except 语句来捕捉并处理异常。

6.2.1 try ... except 语句介绍

try...except 语句是 Python 用来处理异常的语句。编辑时将可能存在异常的语句放在 try 子句中，将对异常的处理放在 except 子句中。

如果在 try 后的代码里没有发生异常，Python 将按原来的程序流程执行，好像 try...except 并不存在。

如果 try 后的代码里发生了异常，Python 就执行第一个匹配该异常的 except 子句。

6.2.2 try 语句语法

try 语句的完整语法是：

```
try:
    <可能出现异常的语句块>
except:
    <异常处理语句块>
else:
    <没有异常时执行的语句块>
finally:
    <不管有无异常均执行的语句块>
```

根据程序的功能，else...finally 子句可以被省略。其中 except 子句又有如下几种常见的形式：

形式 1：

```
try:
    < 可能出现异常的语句块 >
except:
    < 异常处理语句块 >
```

形式 2：

```
try:
    < 可能出现异常的语句块 >
except Exception as e:
    < 异常处理语句块 >
```

形式 3：

```
try:
    < 可能出现异常的语句块 >
except ExceptionType:
    < 异常处理语句块 >
```

形式 4：

```
try:
    < 可能出现异常的语句块 >
except (ExceptionType1, ExceptionType2,…) as e:
    < 异常处理语句块 >
```

【例题 1】

```
try:
    n=int(input())
except:
    print ('输入不正确')
try:
    n=int(input())
except Exception as e:
    print (e)
try:
    n=int(input())
except ValueError:
    print ('输入的不是整数')
```

【例题 2】

```
while True:
    try:
        x=int(input('请输入被除数：'))
        y=int(input('请输入除数：'))
        z=x/y
        print(z)
        break
    except Exception as e:
        print(e)
```

【例题 3】

```
while True:
    try:
        x=int(input('请输入被除数：'))
        y=int(input('请输入除数：'))
        z=x/y
        print(z)
        break
    except ValueError:
        print('输入数值')
    except ZeroDivisionError:
        print('除数不能为零')
```

【例题 4】

```
while True:
    try:
        x=int(input('请输入被除数：'))
        y=int(input('请输入除数：'))
        z=x/y
        print(z)
        break
    except (ValueError,ZeroDivisionError) as e:
        print(e)
```

【例题 5】

```
while True:
    try:
        x=int(input('请输入被除数：'))
        y=int(input('请输入除数：'))
        z=x/y
    except ValueError:
        print('输入数值')
    except ZeroDivisionError:
        print('除数不能为零')
    else:
        print(z)
        break
```

【例题 6】

```
while True:
    try:
        x=int(input('请输入被除数：'))
        y=int(input('请输入除数：'))
        z=x/y
    except ValueError:
        print('输入数值')
    except ZeroDivisionError:
        print('除数不能为零')
```

```
    else:
        print(z)
    finally:
        break
```

第三节　抛出异常

用 try…except 语句可以处理异常，以避免程序的崩溃。也可以在系统不会产生异常的代码中主动抛出异常，同样使用 try…except 语句对抛出的异常进行处理，达到一些特殊处理需求。Python 中抛出异常的语句为 raise。

6.3.1　raise 语句

抛出异常使用 raise 语句，语法如下：

```
raise [ExceptionType [(reason)]]
```

其中，用 [] 括起来的为可选参数，其作用是指定抛出的异常名称，以及异常信息的相关描述。如果可选参数全部省略，则 raise 语句会把当前错误原样抛出；如果仅省略 (reason)，则在抛出异常时，将不附带任何异常描述信息。

【例题】

输入学生的学号，如果学号不是八位的数字字符串，则显示提示信息并重新输入。程序中用 input() 输入字符串，正常情况下不会产生异常，但是程序因为要对输入不符合要求的字符串进行处理，所以可以在输入不是八位数字字符串时主动抛出异常，在 try…except 语句中处理。

```
while True:
    try:
        s=input('学号：')
        s=s.strip()
        if len(s)!=8 or (not s.isdigit()):
            raise Exception("输入8位数字")
        break
    except Exception as e:
        print(e)

print(s)
```

6.3.2 自定义异常

Python 有许多内置的异常，这些异常会在程序出错时强制程序输出错误。然而，有时可能需要创建服务于用户个人目的的自定义异常。在 Python 中，用户可以通过创建一个新类来定义此类异常，这个异常类必须直接或间接地从异常类派生，大多数内置异常也是从这个类派生出来的。

Exception 是一个通用异常类型，在不知道、不确定使用什么异常类型的时候，可以通过 Exception 来捕获异常，或者结合 raise 关键字主动抛出异常。

Exception 是所有异常类型的基类，所以可以通过继承 Exception 基类来定义新的异常。

思考与练习

1. 从键盘输入两个实数做除法，要求对非法的输入进行异常捕获和处理。使用 try...except 语句的多种形式练习捕获和处理异常的方法。

2. 从键盘输入一个文件名，打开并读取文件内容。如果文件不存在，则提示文件不存在，并创建一个新文件。

3. 输入学生的学号、姓名、性别、年龄，要求学号为 8 位数字字符，姓名不能为空，性别为男或女，年龄在 16~30 岁之间，如果输入不满足要求，则显示提示信息并重新输入。

第七章
面向对象程序设计基础

第一节　面向对象的基本概念

1. 对象

对象是人们要进行研究的任何事物，从最简单的整数到复杂的飞机等均可看作对象。对象不仅能表示具体的事物，还能表示抽象的规则、计划或事件。

对象有以下状态和行为特征：

（1）对象具有状态，可以用一组数据来描述它的状态。

（2）对象具有行为，可以用一组操作来描述对象的行为，对象的行为可以改变对象的状态。

（3）对象实现了数据和操作的结合，使数据和操作封装于对象的统一体中。

2. 类

具有相同或相似性质的对象的抽象就是类。因此，对象的抽象是类，类的具体化就是对象，也可以说类是对象的模板，对象是类的实例。类具有属性，它是对象的状态的抽象，用来描述对象的状态，通常是一组变量。类具有方法，它是对象的行为的抽象，用来描述对象的行为，通常是对变量和参数的一组操作。

3. 类之间的关系

现实世界概念之间最主要的关系是包含关系，类之间最主要的关系是继承关系（父子关系）。

第二节　类的声明和对象的生成

在 Python 中，类和对象是面向对象编程的两个核心概念。其中，类是对一群具有相同特征或行为的事物的统称，不能直接使用。类就像一个模板，负责创建对象。

7.2.1　类的声明

类的声明格式如下：

```
class 类名:
    类体
```

在类的声明格式中，类使用关键字 class 声明，类名为有效的标识符，在类体中可以定义属于类的属性、方法等。

【例题】

```
class Person
    name='John'
    age=20
    def printName(self): #self 指调用该方法的对象本身
```

```
        print(self.name)
    def printAge(self):
        print(self.age)
```

7.2.2 对象的生成

对象是由类创建出来的一个具体存在，可以直接使用，由哪一个类创建出来的对象，就拥有在哪一个类中定义的属性和方法。创建对象后，便可以访问其属性、调用其方法。对象的创建和调用格式如下：

创建对象：

```
对象名 = 类名（参数列表）
```

使用对象：

```
对象名 . 属性
对象名 . 方法
```

其中，对象的属性通常描述了对象的状态或特征，由一组变量组成；对象的方法描述了对象的行为或状态的改变，由一组函数组成。

【例题 1】

```
class Person
    name='John'
    age=20
    def printName(self): #self 指调用该方法的对象本身
        print(self.name)
    def printAge(self):
        print(self.age)
```

```
p=Person()
print(p.name,p.age)
p.printName()
p.printAge()
```

“万物皆对象”(Everything is object) 是 Python 所倡导的理念。

在 Python 中，所有对象都有下面三个特征：唯一的标识码（identity）、类型和值。

一旦对象被创建，它的标识码就不允许更改。对象的标识码可以由内建函数 id() 获取，它是一个整型数。对象的类型可以由内建函数 type() 获取。

【例题 2】

```
class Person:
    name='John'
    age=20
    def printName(self):
        print(self.name)
    def printAge(self):
        print(self.age)

p=Person()
print(p.name,p.age)
p.printName()
p.printAge()
print(id(p))
```

```
print(type(p))
```

程序运行结果：

```
John 20
John
20
49307040
<class'__main__.Person'>
```

第三节　属性

Python 中的属性有类属性和实例属性。

7.3.1　类属性

类属性是类本身的变量，指该类的对象所拥有的属性，它被所有该类的对象所共有。访问方式格式如下：

```
对象 . 属性名
类名 . 属性名
```

修改方式为：

```
类名 . 属性名
```

【例题】

```
class Person:
    name='John'
    age=20
    def printName(self):
        print(self.name)
    def printAge(self):
        print(self.age)
p=Person()
print(p.name,p.age)
print(Person.name,Person.age)
Person.name='Jack'
Person.age=30
print(p.name,p.age)
print(Person.name,Person.age)
p.name='Tom'
p.age=10
print(p.name,p.age)
print(Person.name,Person.age)
```

程序运行结果：

```
John 20
John 20
Jack 30
```

```
Jack 30
Tom 10
Jack 30
```

7.3.2 实例属性

实例属性作为实例对象的属性，只为单独的特定的对象所拥有。一般有两种方式定义：一是在类外定义；二是在类的构造函数 __init__() 中定义，定义时以 self 作为前缀。实例属性只能通过对象来访问和修改。

【例题 1】

```
class Person:
    name='John'
    age=20
    def printName(self):
        print(self.name)
    def printAge(self):
        print(self.age)
p=Person()
p.name='Jack'
p.age=30
p.gender='male'            #gender 为实例属性
print(p.name,p.age,p.gender)
print(Person.name,Person.age)
print(Person.gender)       # 错误!
```

```
class People:
    name = 'Jack'

    def __init__(self,age):
        self.age=age      #实例属性age在__ini__()中定义
p=People(12)
print(p.name)             #正确
print (p.age)             #正确
print(People.name)        #正确
print(People.age)         #错误
```

【例题 2】

```
class Person:
    name='John'
    age=20
    def printName(self):
        print(self.name)
    def printAge(self):
        print(self.age)
p=Person()
p.name='Jack'
p.age=30
q=Person()
Person.name='Tom'
```

```
Person.age=10
print(p.name,p.age)
print(Person.name,Person.age)
print(q.name,q.age)
```

程序运行结果：

```
Jack 30
Tom 10
Tom 10
```

第四节　方法

Python类中的方法有三种：实例方法、类方法和静态方法。

1. 实例方法

实例方法用def定义，方法的第一个参数是self。

实例方法通过实例来调用，有两种调用方法。

第一种方法：

```
对象名 . 方法名（参数）
```

第二种方法：

```
类名 . 方法名（对象名，参数）
```

两种方法调用时都是将对象传递给参数self。

【例题1】

```
class Person:
```

```
    name='John'
    def printName(self):        #printName 是对象方法
        print(self.name)
p=Person()
p.printName()                   # 对象名调用
Person.printName(p)             # 类名调用
#printName 是实例方法
```

【例题 2】

```
class Person:
    name='John'
    def printName(self,s):
        self.s=s
        print(self.name,self.s)
        print(self,s)
p=Person()
print(p)
p.printName('Hi')
Person.printName(p, 'Hello')
```

程序运行结果：

```
<__main__.Person object at 0x0000000002F05DD8>
John Hi
<__main__.Person object at 0x0000000002F05DD8> Hi
John Hello
```

```
<__main__.Person object at 0x0000000002F05DD8> Hello
```

2. 类方法

类方法用 @classmethod 定义，第一个参数为 cls。

类方法有两种调用方法。

第一种方法：

```
对象名 . 方法名 ( 参数 )
```

第二种方法：

```
类名 . 方法名 ( 参数 )
```

两种方法调用时都是将类名传递给方法的第一个参数。

【例题 3】

```
class Person:
    name='John'
    @classmethod
    def printName(cls):          #printName 是类方法
        print(cls.name)
        print(cls)
p=Person()
p.printName()                    # 对象名调用
Person.printName()               # 类名调用
```

程序运行结果：

```
John
<class '__main__.Person'>
John
<class '__main__.Person'>
```

3. 静态方法

静态方法用 @staticmethod 定义，没有指定的第一个参数。

静态方法有两种调用方法。

第一种方法：

```
对象名 . 方法名 ( 参数 )
```

第二种方法：

```
类名 . 方法名 ( 参数 )
```

【例题 4】

```
class Person:
    name='John'
    @staticmethod
    def printName(s):           #printName 是静态方法
        print(Person.name,s)
p=Person()
p.printName('hi')               # 对象名调用
Person.printName('hello')       # 类名调用
```

程序运行结果：

```
John hi
John hello
```

4. 类和方法的访问权限

类属性是类本身的变量，又分为私有属性和公有属性。方法也有私有方法和公有方法。Python 是以属性和方法的命名方式来区分，如果在属性或方法名前面加了两个下划线“__”，则表明该属性或方法是私有的，否则为公有。私有属性只能在类的方法中访问，私有方法只能被该类的其他方法调用。

【例题 5】

```
class Person:
    __name='John'                  #__name 是私有属性
    age=20

    def printName(self):
        print(self.__name)

    def printAge(self):
        print(self.age)

p=Person()
print(p.__name,p.age)     # 错误
p.printName()
p.printAge()
```

第五节　对象初始化

__init__() 函数和 __del__() 函数是两个特殊的函数，分别完成对象的初始化和对象删除的工作。__init__() 为构造函数，__del__() 为析构函数。

1. 构造函数

构造函数是创建对象时被自动调用的函数。每个类只有一个构造函数，通常完成对象的初始化工作。当构造函数有多个参数时，可以采用不同的参数创建对象，实现多种对象的初始化方式。

【例题 1】

```
class Person:
    def __init__(self, name='',age=20,gender='male'):
        self.name=name
        self.age=age
        self.gender=gender
    def show(self):
        print(self.name,self.age,self.gender)
p=Person("li",20, 'male')
q=Person('zhang')
r=Person('wang',20)
p.show()
q.show()
r.show()
```

程序运行结果：

```
Li 20 male
Zhang 20 male
Wang 20 male
```

2. 析构函数

析构函数是对象撤销时自动调用的函数，通常释放对象所占的资源。

【例题 2】

```
class Person:
    def __init__(self, name):
        self.name=name
        print(self.name, 'is coming')
    def __del__(self):
        print(self.name, 'is leaving')
p=Person('John')
q=Person('Jack')
del p
del q
```

第六节　类的继承和方法重载

7.6.1　类的继承

在 Python 中，类的继承是为代码重用而设计的。当设计一个新类时，为了代码重用可以继承一个已设计好的类。在继承关系中，原来设计好的类称为父类或基类，新设计的类称为子类或派生类。

派生类的声明格式为：

```
class 派生类名（基类 1，[ 基类 2，…]）:
    类体
```

声明派生类时，必须在其构造函数中调用基类的构造函数。

```
基类名 . __init__ (self, 参数列表）
```

【例题 1】

```
class Person(object):
    def __init__(self,name,age):
        self.name=name
        self.age=age

    def show(self):
```

```
        print(self.name,self.age)

class Student(Person):  # 子类 Student，父类 Person
    def __init__(self,num,name,age):
        Person.__init__(self,name,age)
        self.num=num

    def show(self):
        print(self.num,self.name,self.age)

s=Student('20190045','Li',15)
s.show()
```

程序运行结果：

```
20190045 Li 15
```

【例题 2】

```
class Person:
    def __init__(self,name,age):
        self.name=name
        self.age=age
    def show(self):
        print(self.name,self.age)
    def sayHello(self):
        print(self.name, 'Hello')
```

```
class Student(Person):
    def __init__(self,num,name,age):
        Person.__init__(self,name,age)
        self.num=num
    def show(self):
        print(self.num,end='\t')
        Person.show(self)
    def sayClass(self):
        print(self.num, 'Class begins')

s=Student('20190023','Li',18)
s.show()
s.sayHello()
s.sayClass()
```

程序运行结果：

```
20190023  Li 18
Li Hello
20190023 Class begins
```

Python 中对象调用子类和父类的属性和方法时遵循以下规则：

（1）子类的 __init()__ 方法中必须调用父类的 __init()__ 方法。

（2）子类在父类的基础上扩展自己的属性和方法。

（3）子类的对象可以使用子类和父类中的属性，调用子类和父类中的方法。如果子类和父类中的属性或方法同名，调用的是子类中的属性或方法。

（4）父类中的类方法和静态方法也可以被子类继承。

7.6.2 方法重载

方法重载实际上就是在子类中使用的方法名与父类的方法名完全相同，参数也相同，从而重载父类的方法。如果仍需使用父类的该方法，则需要用父类的对象或类名调用。

Python 中不允许同名不同参数的方法，如果要用不同的参数调用方法，可以使用默认参数。

【例题】

```
class Parent:
    def myMethod(self):
        print('Calling parent method')
class Child(Parent):
    def myMethod(self):
        print ('Calling child method')
c=Child()
p=Parent()
c.myMethod()                    # 子类调用重载方法
Child.myMethod(c)               # 子类调用重载方法
p.myMethod()                    # 父类的方法
Parent.myMethod(p)              # 父类的方法
```

程序运行结果：

```
Calling child method
Calling child method
Calling parent method
Calling parent method
```

第七节　面向对象程序的特点

通常认为，面向对象的程序有三大特点：封装、继承和多态。

（1）封装是把客观事物抽象并封装成对象，将数据和操作封装在对象中。面向对象的这个特征主要是通过类的定义和对象的初始化实现的。

（2）继承是允许使用现有类的功能，并在无须重新改写原来的类的情况下，对这些功能进行扩展。面向对象的这个特征主要是通过类的继承（子类的定义）实现的。

（3）多态是一个对象可以在不同条件下表现出不同的状态和行为。面向对象的这个特征主要是通过方法的重载实现的。